MAGICAL
CHEMISTRY

神秘化学世界

门捷列夫和
元素周期表

徐冬梅◎主编

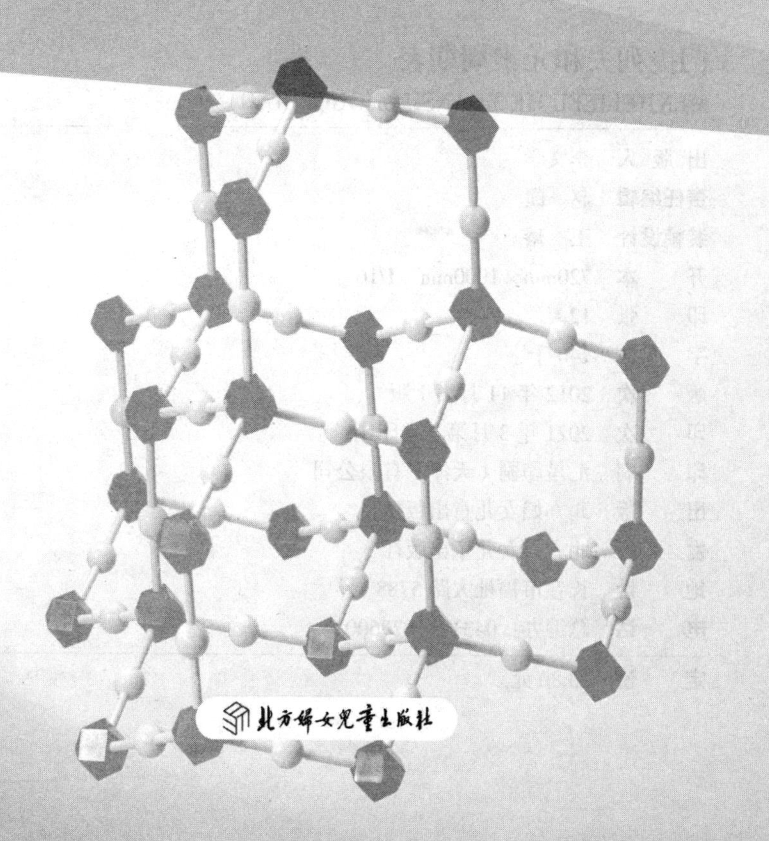

北方妇女儿童出版社

图书在版编目（CIP）数据

门捷列夫和元素周期表 / 徐东梅主编. — 长春：北方妇女儿童出版社，2012. 11（2021. 3 重印）
（神秘化学世界）
ISBN 978-7-5385-6898-1

Ⅰ. ①门… Ⅱ. ①徐… Ⅲ. ①化学元素周期表－青年读物②化学元素周期表－少年读物 Ⅳ. ①O6-64

中国版本图书馆 CIP 数据核字（2012）第 228896 号

门捷列夫和元素周期表

MENJIELIEFU HE YUANSU ZHOUQI BIAO

出版人　李文学
责任编辑　赵　凯
装帧设计　王　璿
开　　本　720mm × 1000mm　1/16
印　　张　12
字　　数　140 千字
版　　次　2012 年 11 月第 1 版
印　　次　2021 年 3 月第 3 次印刷
印　　刷　汇昌印刷（天津）有限公司
出　　版　北方妇女儿童出版社
发　　行　北方妇女儿童出版社
地　　址　长春市福祉大路 5788 号
电　　话　总编办：0431-81629600

定　　价　23.80 元

前言

PREFACE

在我们日常接触的化学教科书中，一般都附有一张“元素周期表”。这张表揭示了物质世界的秘密，把一些看来似乎互不相关的元素统一起来，组成了一个完整的自然体系。

元素周期表的发明，是近代化学史上的一个伟大创举，对于促进对物质结构的研究和化学的发展，起了巨大的作用。看到这张表，人们便会想到它的最早发明者——门捷列夫。

门捷列夫1834年出生在俄国，父亲是一位中学校长，母亲是一位实业家的女儿，门捷列夫是这位校长家中的第14个孩子。

1861年，门捷列夫到彼得堡大学攻读学位，1865年获得博士学位。1867年，他接自己老师的班，被聘为彼得堡大学化学教授，年仅33岁。

在全国一流的大学里讲授化学的基本课程，是一种崇高荣誉，这位33岁的年轻教授，为了不辜负这种荣誉，决心尽自己的力量做好工作。

这位年轻的教授觉得当时用的化学教科书过于陈旧了，就决心自己编写一本能够反映当时化学科学发展水平的新教科书。但是在编写到第二部分，即详细介绍各种元素及其化合物的知识的部分时，他感到十分为难。

这时已知的元素有63种，每一种都有自己的性质，并且有几十、几百甚至几千种化合物。门捷列夫对各种元素及其化合物的资料不厌其烦地进行了深入的研究，希望能从中找出某种规律性，来帮助学生方便而系统地掌握这方面有关的主要知识。

但是，怎样才能做到这一点呢？

门捷列夫剪了许多笔记本大小的纸片，然后一个元素一张纸，在上面写上元素的名称、原子量、化合物的化学式、主要的物理和化学性质等。

就这样门捷列夫为自己制造了一副化学元素的“扑克牌”。在门捷列夫与他的元素纸牌相伴无数个不眠之夜后，最终发现了化学发展史上里程碑性的自然规律——化学元素周期律，并制作了元素周期表。

1871年，门捷列夫为学生们编写的取名为《化学原理》的新化学教科书终于出版了。这本教科书就是按他发现的元素周期律的元素分类系统来编写的。而自那以后，按周期律系统来编写化学教科书，在整个20世纪成为一种十分盛行的范例了。

被称为20世纪最伟大的化学史学家的柏廷顿在他的《化学简史》一书中指称：“20世纪普通化学的发展源于周期律，它最先揭露出化学元素之间的亲属关系。”由此可见，元素周期表对后来化学发展影响之大。

为了让读者朋友了解这段历史，我们编写了《门捷列夫和元素周期表》一书，详细地介绍了门捷列夫其人以及他发明元素周期表的故事。

当然，由于编者水平有限、化学发展日新月异，书中难免出现错讹之处，敬请读者朋友批评指正。

元素和元素周期表

元素规律的早期探索

门捷列夫的贡献

门捷列夫掀起的热潮

元素和元素周期表

宇宙万物是由什么组成的？古希腊人以为是水、土、火、气四种元素，古代中国则相信金、木、水、火、土五种元素之说。到了近代，人们才渐渐明白：元素多种多样，决不止于四五种。18 世纪，科学家已探知的元素有 30 多种，如金、银、铁、氧、磷、硫等，到 19 世纪，已发现的元素已达 54 种。至今已达到 100 多种。

人们自然会问，没有发现的元素还有多少种？元素之间是孤零零地存在，还是彼此间有着某种联系呢？实际上，元素不是一群乌合之众，而是按照一定的规律有序地排列着。那么它们怎么排列的呢？门捷列夫发现的元素周期律揭开了这个奥秘。

物质的构成

我们日常生活中接触到的物质有气体、液体、固体，还有生物体和金属等，可谓纷繁复杂，多种多样。众所周知，可以用各种方法将这些物质分离成纯净物。

所谓纯净物是由一种分子构成的物质，如水、食盐和铝等。但自然界中的大多数物质是由多种分子组成的混合物。

分子是由原子构成的。原子的种类比分子少，但是，原子能够排列组合成种类繁多的分子。而原子由三种基本粒子构成，粒子的数量决定原子的种类。原子的种类与元素密切相关，所以我们从组成原子的三种基本粒子入手，逐步介绍原子、分子、元素和元素周期律。

归根结底物质是由粒子构成的。这些粒子称为基本粒子。构成物质的基本粒子是电子、质子和中子。

这三种基本粒子具有如下特点：电子带负电荷（－），质量小；质子带正电荷（＋）；中子顾名思义呈电中性。电子和质子所带电荷符号相反，电荷数相等。质子和中子的质量大体相当，约是电子质量的 1 800 倍。

如前所述，这些基本粒子构成原子，粒子数量将决定原子的性质。虽说宇宙中有无数上述基本粒子，但同样的粒子可以认为完全相同，毫无差别。例如，我们周围的电子和太阳中的电子具有完全相同的性质，没有任何区别。

关于这些基本粒子，下面再做一点儿详细的说明。

电　子

电子是人类发现的第一个基本粒子。带负电荷，质量小，除了光子等质量为零的粒子，它是最轻的基本粒子。

19 世纪末，汤姆逊发现了电子。那时真空技术有了一定的发展，人们研究了真空中两个电极间的放电，确认阴极放射某种物质，将其命名为阴极射线。汤姆逊根据阴极射线在磁场中发生路径偏转的现象，确定了它的荷质比即电荷与质量之比。

另外，阴极射线的荷质比与电极种类和放电管中极少量残存气体的性质无关，而且飞行距离长，汤姆逊由此推断这是一切物质的构成粒子，而且比分子小。

这就是电子。

电子所带的电荷是电量的最小单位。由于电子带有电荷，所以电子间存在库仑斥力，即带负电的电子间相互排斥。

电子是我们最熟悉的基本粒子，电流是电子流动的结果，在放电管和真空管中也有许多电子。

雷电是因为携带大量电子的云层遇到带正电荷的云层或与地面的电位差增大到一定程度而产生的猛烈放电现象。电子虽小，但数量庞大的电子足以使天空雷电交加，震撼人心。

我们尚不能断言，当今社会人们离开电便无法生存。但如果认识到电子是电流的物质基础，那么电子的重要性也就不言而喻了。

汤姆逊

质子和中子

质子是氢的阳离子。换言之，就是氢原子失去电子后的氢原子核。质子带正电荷与带负电的电子以库仑力相互吸引。

与电子相比，质子所带电荷符号相反，质量大，而且，质子与质子之间因库仑力而相互排斥，距离很近时，它们又由于强大引力而相互吸引。这是电子所不具备的特征。

中子与质子质量大体上相等，但确切地说中子比质子约重1/700。中子呈电中性，不像电子和质子那样受库仑力的影响，所以它容易穿透物质。

查德威克

中子是前面所讲的三种基本粒子中最晚发现的，于1932年由英国物理学家查德威克发现。

中子与质子或中子与中子之间距离很近时，能产生强大的引力。这种引力与质子间的“引力”相当。这种强大的引力，能使中子和质子牢固地结合在一起，构成原子核。因此，人们称这种力为核力。

库仑力和重力与距离成反比。而距离对核力的影响却非常显著。核力在10^{-13}厘米范围内非常强，但是，距离增大到10^{-12}厘米左右时变得微乎其微，甚至可以忽略。

中子的另一特征是它的自然衰变，衰变生成质子、电子和中微子。中子脱离原子核而单独存在是不稳定的，以约12分钟的半衰期进行衰变。

原子的组成

质子和中子以强核力结合，在原子中心形成核。这就是原子核。电子只是借助较弱的库仑力，绕原子核周围旋转。这就是原子的基本状态。

氢原子是由一个电子和一个质子组成的，氢的原子核中只有一个质子。一个电子、一个质子和一个中子形成重氢（氘）原子。如此等等，不同数目的电子、质子和中子可以组合成各种不同的原子。重的铀原子核由92个质子和146个中子组成，加上它周围的92个电子便构成铀原子。原子核内的质子数称为原子序数，中子数和质子数之和称为质量数。

电中性的原子中，电子数与原子核内的质子数相等。电子数多于质子数时，原子便带负电，这种原子称为阴离子；电子数少于质子数时，原子带正电，称为阳离子。

我们可以将原子比做太阳系。原子中的电子宛如太阳系中的行星绕核做旋转运动。原子核就如同太阳，太阳是由引力吸引行星，而原子核由库仑力吸引电子。

这些电子沿椭圆轨道运动。原子中有几个确定的椭圆轨道，随着原子序数增加，电子将按顺序填充轨道，每个轨道最多填充两个电子。

要正确描述电子轨道，仅用经典力学是不充分的，而必须用量子力学方法。从量子力学观点出发，认为电子并不是轨道上的点，而是像云一样笼罩在原子核的周围。

半衰期

放射性元素的原子核有半数发生衰变时所需要的时间，叫半衰期。

放射性元素的半衰期长短差别很大，短的远小于一秒，长的可达数万年。

衰变是微观世界里的原子核的行为，而微观世界规律的特征之一在于“单个的微观事件是无法预测的”，即对于一个特定的原子，我们只知道它发生衰变的概率，而不知道它将何时发生衰变。

查德威克发现中子

原子是由带正电荷的原子核和围绕原子核运转的带负电荷的电子构成。原子的质量几乎全部集中在原子核上。起初，人们认为原子核的质量（按照卢瑟福和玻尔的原子模型理论）应该等于它含有的带正电荷的质子数。可是，一些科学家在研究中发现，原子核的正电荷数与它的质量居然不相等！也就是说，原子核除去含有带正电荷的质子外，还应该含有其他的粒子。那么，那种“其他的粒子”是什么呢？

解决这一物理难题，发现那种“其他的粒子”是“中子”的，就是著名的英国物理学家詹姆斯·查德威克。

1931 年，约里奥·居里夫妇——居里夫人的女儿和女婿公布了他们关于石蜡在“铍射线”照射下，产生大量质子的新发现。查德威克立刻意识到，这种射线很可能就是由中性粒子组成的，这种中性粒子就是解开原子核正电荷与它质量不相等之谜的钥匙！

查德威克立刻着手研究约里奥·居里夫妇做过的实验，用云室测定这种粒子的质量，结果发现，这种粒子的质量和质子一样，而且不带电荷。他称这种粒子为“中子”。

中子就这样被他发现了。他解决了理论物理学家在原子研究中遇到的难题，完成了原子物理研究上的一项突破性进展。查德威克因发现中子的杰出贡献，获得 1935 年诺贝尔物理学奖。

原子的结构

卢瑟福的原子模型

1911 年卢瑟福在对放射性物质衰变产生的 α 粒子进行散射实验时，观察到一部分 α 粒子以较大的角度散射，从而证明原子核的存在。

此前人们确信，原子中有带负电的电子，而原子呈电中性，所以其中肯定有与电子等量的正电荷。如果正电荷均匀分布在原子中，那么 α 粒子就不会以很大角度散射，α 粒子的大角度散射说明原子中有质量很大的“核”，而正电荷也集中于此。卢瑟福以自己的实验结果证明了原子核的存在，称之为卢瑟福散射。

卢瑟福

卢瑟福认为原子核位于原子中心，其具有正电荷和原子绝大部分质量，带负电荷的电子在核周围做旋转运动。这就是卢瑟福的原子模型。这一模型与稍早日本的长岗半太郎提出的原子模型相同。

玻尔继承了卢瑟福的原子模型，并将其发展形成了原子结构理论。

玻尔的氢原子理论

根据玻尔的氢原子理论，原子核位于原子中心，其所带电荷与核外电子大小相同，符号相反，电子在原子核周围做旋转运动。正如前文讲述的那样，电子像太阳系中行星绕太阳运转那样，以库仑力绕原子核做圆周运动或椭圆运动。与太阳系不同的是，电子只能在几个固定的轨道上运动。

在太阳系中如果行星速度变了，轨道和能量也将发生变化。这种变化是连续的，相对于此，原子内的电子只能取特定的能量值。换言之，电子的轨道能量是非连续，是跳跃性变化的。根据玻尔理论，这一能量与整数的平方成反比，即：

$$E_n = -A\frac{1}{n^2}$$

结合能 E 用负值表示，A 是比例常数。

整数 n 值愈大，表示轨道离核越远，其能量也越高。电子位于这种能量较高的轨道时称为激发态。n 等于 1 时，轨道能量最低，电子从能量高的轨道向能量低的轨道迁移时，多余的能量以光子的形式释放出来。

电子从轨道 n 迁移到能量较低的轨道 n' 时，放出的光子能量是两个轨道的能量差：

$$E = E_n - E_{n'} = A\left(\frac{1}{n'^2} - \frac{1}{n^2}\right)$$

光子的能量与波长之间有下列关系：

$E = \frac{hc}{\lambda}$ h 是普朗克常数，c 是光速。因此，光的波长 λ 用下式表示：

$$\frac{1}{\lambda} = \frac{A}{hc}\left(\frac{1}{n'^2} - \frac{1}{n^2}\right)$$

这就是巴耳末系列表示氢原子光谱线的一般式，玻尔理论中的比例常数 A 与巴耳末等系列中的 R 值完全一致。

玻尔理论在当时是一种崭新的理论，它说明全新的思维方式在科学研究中的必要性，但同时它也存在一些问题。例如它无法解释为什么原子内的电子能量不是连续变化的等等。而随后的量子力学却解决了这个问题，至此完成了原子结构的基础理论。

玻　尔

将量子力学应用于氢原子结构，首先得出轨道能量与 n 的平方成反比，这一点与玻尔理论相同。在量子力学中，n 称为主量子数。一般情况下，量子数是整数或半整数，表示能量、角动量等物理量的大小。

现代原子结构理论

在原子序数为 Z 的中性原子中，有 z 个电子在原子核周围绕核做旋转运动。原子序数大的原子因其核电荷多，所以，电子所受的库仑引力也大。如果只有一个电子，电子的能量与原子序数的平方成比例，如氢原子就是那样。其能量与量子数 n 的平方成反比。然而，原子内如有多个电子，电子间还有库仑斥力的作用，与氢原子比较，电子的能级顺序也有差别。

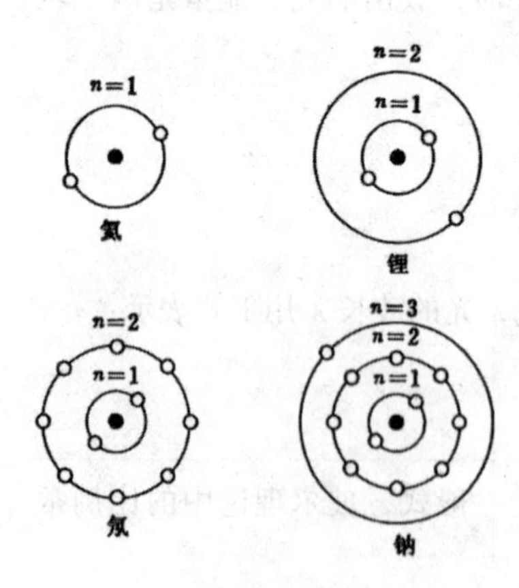

进入轨道的电子数被限制

虽然原子内有时有多个电子，但填入某一确定轨道的电子数目是一定的，即一个轨道不可能容纳所有的电子。如能量最低的 $n=1$ 轨道，只需两个电子就能将其填满。填满 $n=2$ 轨道需要 8 个电子。电子等基本粒子遵从泡利不相容原理，即“在量子数确定的轨道上填充确定数目的电子”。

依据泡利不相容原理，轨道从低能级依次向高能级填充。作为决定原子及顺次的量子数必须结合主量子数 n 和内量子数 j。塞曼效应指出内量子数为 j 的轨道有 $2j+1$ 个轨道能级，它们也只能填充这么多电子。如原子序数为 2 的氦原子中，$n=1$ 轨道中填入 2 个电子即满；原子序数为 3 的锂原子，由于第 3 个电子不能填入 $n=1$ 的轨道，而是如图填入下一级轨道。随着原子序数增加依次填满轨道，10 号的氖（如图所示），$n=2$ 的轨道充满后，以后随着原子序数的增加依次填满 $n=3$，4…… 的电子轨道。

泡利不相容原理

指在原子中不能容纳运动状态完全相同的电子。又称泡利原子、不相容原理。一个原子中不可能有电子层、电子亚层、电子云伸展方向和自旋方向完全相同的两个电子。如氦原子的两个电子，都在第一层（K层），电子云形状是球形对称，只有一种完全相同伸展的方向，自旋方向必然相反。每一轨道中只能容纳自旋相反的两个电子，每个电子层中可能容纳轨道数是n^2个，每层最多容纳电子数是$2n^2$。

延伸阅读

卢瑟福简介

卢瑟福1871年8月30日生于新西兰纳尔逊的一个手工业工人家庭，并在新西兰长大。他进入新西兰的坎特伯雷学院学习。23岁时获得了三个学位（文学学士、文学硕士、理学学士）。1895年在新西兰大学毕业后，获得英国剑桥大学的奖学金进入卡文迪许实验室，成为汤姆逊的研究生。他提出了原子结构的行星模型，为原子结构的研究作出很大的贡献。

1898年，在汤姆逊的推荐下，担任加拿大麦吉尔大学的物理学教授。他在那儿呆了9年。于1907年返回英国出任曼彻斯特大学的物理系主任。1919年接替退休的汤姆逊，担任卡文迪许实验室主任。1925年当选为英国皇家学会主席。1931年受封为纳尔逊男爵，1937年10月19日因病在剑桥逝世，与牛顿和法拉第并排安葬，享年66岁。

当人们评论卢瑟福的成就时，总要提到他“桃李满天下”。在卢瑟福的悉心培养下，他的学生和助手有多人获得了诺贝尔奖：

1921年，卢瑟福的助手索迪获诺贝尔化学奖；1922年，卢瑟福的学生阿斯顿获诺贝尔化学奖；1922年，卢瑟福的学生玻尔获诺贝尔物理学奖；1927年，卢瑟福的助手威尔逊获诺贝尔物理学奖；1935年，卢瑟福的学生查德威克获诺贝尔物理学奖；1948年，卢瑟福的助手布莱克特获诺贝尔物理学奖；1951年，卢瑟福的学生科克拉夫特和瓦耳顿，共同获得诺贝尔物理学奖；1978年，卢瑟福的学生卡皮茨获诺贝尔物理学奖。

人类对元素的认识

我国古代对元素的认识

大约在公元前900年前后，我国西周时代的《易经》中有这样几句话："易有太极，是生两仪，两仪生四象，四象生八卦。"这是一个以"太极"为中心的世界创造说。

到公元前403至公元前221年，我国战国时代又出现一些万物本源的论说，如《老子道德经》中写道："道生一，一生二，二生三，三生万物"。又如《管子·水地》中说："水者，何也？万物之本原也。"

我国的五行学说是具有实物意义的，但有时又表现为基本性质。我国的五行学说最早出现在战国末年的《尚书》中，原文是："五行：一曰水，二曰火，三曰木，四曰金，五曰土。水曰润下，火曰炎上，木曰曲直，金曰从革，土曰稼穑"。

译成今天的语言是："五行：一是水，二是火，三是木，四是金，五是土。水的性质润物而向下，火的性质燃烧而向上，木的性质可曲可直，金的性质可以熔铸改造，土的性质可以耕种收获。"

在稍后的《国语》中，五行较明显地表示了万物原始的概念。原文是："夫和实生物，同则不继。以他平他谓之和，故能丰长而物生之。若以同稗同，尽乃弃矣。故先王以土与金、木、水、火杂以成百物。"

我国的五行学说

译文是："和谐才是创造事物的原则，同一是不能连续不断永远长有的。把许多不同的东西结合在一起而使它们得到平衡，这叫做和谐，所以能够使物质丰盛而成长起来。如果以相同的东西加合在一起，便会被抛弃了。所以，过去的帝王用土和金、木、水、火相互结合造成万物。"

西方早期元素观

西方自然哲学来自希腊。

被尊为希腊七贤之一的唯物哲学家塔莱斯认为水是万物之母。希腊最早的思想家阿那克西米尼认为组成万物的是气。

被称为辩证法奠基人之一的赫拉克利特（前535—前475）认为万物由火而生。

古希腊的自然科学家、医生恩培多克勒（前490—前430）综合了以前的哲学家们的见解，在他们所指的水、气和火之外，又加上土，称为四元素。

古希腊哲学家亚里士多德（前384—前322）综合了但也歪曲了这些朴素的唯物主义的看法，提出“原性学说”。他认为自然界中是由4种相互对立的“基本性质”——热和冷、干和湿组成的。它们的不同组合，构成了火（热和干）、气（热和湿）、水（冷和湿）、土（冷和干）4种元素。“基本性质”可以从原始物质中取出或放进，从而引起物质之间的相互转化。这样，宇宙的本源、世界的基础便不是物质实体，而且具有可以离开实物而独立存在的“性质”，这就导向唯心主义了。

13-14世纪，西方的炼金术士们对亚里士多德提出的元素说又作了补充，增加了3种元素：水银、硫磺和盐。这就是炼金术士们所称的“三本原”。但是，他们所说的水银、硫磺、盐只是表现着物质的性质：水银——金属性质的体现物，硫磺——可燃性和非金属性质的体现物，盐——溶解性的体现物。

亚里士多德塑像

到16世纪，瑞士医生帕拉塞尔士把炼金术士们的三本原应用到他的医学中。他提出物质是由3种元素——盐（肉体）、水银（灵魂）和硫磺（精神）按不同比例组成的，疾病产生的原因是有机体中缺少了上述3种元素之一。为了医病，就要在人体中注入所缺少的元素。

近现代对元素的探索

无论是古代的自然哲学家还是炼金术士们，或是古代的医药学家们，他们对元素的理解都是通过对客观事物的观察或者是臆测的方式解决的。只是到了17世纪中叶，由于科学实验的兴起，积累了一些物质变化的实验资料，才初步从化学分析的结果去解决关于元素的概念。

1661年，英国科学家波义耳对亚里士多德的四元素和炼金术士们的三本原表示怀疑，出版了一本《怀疑派的化学家》小册子。书中写道："现在我把元素理解为那些原始的和简单的或者完全未混合的物质。这些物质不是由其他物质所构成，也不是相互形成的，而是直接构成物体的组成成分，而它们进入物体后最终也会分解。"这样，元素的概念就表现为组成物体的原始的和简单的物质。

拉瓦锡在肯定和说明究竟哪些物质是原始的和简单的时候，强调实验是十分重要的。他把那些无法再分解的物质称为简单物质，也就是元素。

此后在很长的一段时期里，元素被认为是用化学方法不能再分的简单物质。这就把元素和单质两个概念混淆或等同起来了。

波义耳

而且，在后来的一段时期里，由于缺乏精确的实验材料，究竟哪些物质应当归属于化学元素，或者说究竟哪些物质是不能再分的简单物质，这个问题也未能获得解决。

现在，我们知道原子是由基本粒子构成的，也了解了破坏原子的方法。当年波义耳提出的元素概念不外乎是现在所熟知的电子、质子和中子等基本粒子。

物质最终的构成要素是基本粒

子，但稳定的原子核很难受外界因素的影响，所以我们将原子核和核外电子组成的原子作为构成物质的基本要素似乎更为合理。

元素的定义

现在我们应该给元素下一个准确的定义了。

一般来说，用原子序数和质量数为标准进行分类的原子称为核素。如果不考虑质量数，只以原子序数为标准将原子按化学性质分类，这样即使质量数不同，化学性质相同的原子也都属于同一类。这类原子称为元素。

元素包括所有原子序数相同的核素。虽然核素和同位素等概念同样是对原子的分类，但是，与元素的含义稍有不同。因此，将元素含义扩充为"原子序数相同的所有原子"。这些原子可以任何形式存在于物质中，可与其他种类的原子化合或混合。

总之，元素是以原子序数为标准的原子的种类，它包括原子序数相同的所有原子。这样，元素的含义就十分清楚了，对应于元素的这个含义，核素和同位素的概念也相应扩充了，它不仅指原子的种类，同时是指具有相同原子序数和质量数的所有原子。

炼金术

炼金术是中世纪的一种化学哲学的思想和始祖，是化学的雏形。其目标是通过化学方法将一些基本金属转变为黄金，制造万灵药及制备长生不老药。现在的科学表明这种方法是行不通的。但是直到19世纪之前，炼金术尚未被科学证据所否定，包括牛顿在内的一些著名科学家都曾进行过炼金术尝试。

近代化学的出现，使人们对制金的可能性产生了怀疑，到了17世纪以后，炼金术遭到了批判。炼金术的希望破灭了。

化学发展简史

远古的工艺化学时期：这时人类的制陶、冶金、酿酒、染色等工艺，主要是在实践经验的直接启发下，经过多少万年摸索而来的，化学知识还没有形成。这是化学的萌芽时期。

炼丹术和医药化学时期：从公元前 1500 年到公元 1650 年，炼丹术士和炼金术士们，在皇宫、在教堂、在自己的家里、在深山老林的烟熏火燎中，为求得长生不老的仙丹，为求得荣华富贵的黄金，开始了最早的化学实验。这一时期积累了许多物质间的化学变化知识，为化学的进一步发展准备了丰富的素材。

燃素化学时期：从 1650 年到 1775 年，随着冶金工业和实验室经验的积累，人们总结感性知识，认为可燃物能够燃烧是因为它含有燃素，燃烧的过程是可燃物中燃素放出的过程，可燃物放出燃素后成为灰烬。

定量化学时期：即近代化学时期。1775 年前后，拉瓦锡用定量化学实验阐述了燃烧的氧化学说，开创了定量化学时期。这一时期建立了不少化学基本定律，提出了原子学说，发现了元素周期律，发展了有机结构理论。所有这一切都为现代化学的发展奠定了坚实的基础。

科学相互渗透时期：即现代化学时期。20 世纪初，量子论的发展使化学和物理学有了共同的语言，解决了化学上许多悬而未决的问题；另一方面，化学又向生物学和地质学等学科渗透，使蛋白质、酶的结构问题得到逐步的解决。

元素周期表与元素周期律

现代化学的元素周期律是 1869 年俄国科学家门捷列夫首创的，他将当时已知的 63 种元素依原子量大小并以表的形式排列，把有相似化学性质的元素放在同一行，就是元素周期表的雏形。

1913 年，英国科学家莫色勒利用阴极射线撞击金属产生 X 射线，发现原子序数越大，X 射线的频率就越高，因此他认为核的正电荷决定了元素的化学性质，并把元素依照核内正电荷（即质子数或原子序数）排列。后来又经过多名科学家多年的修订才形成当代的周期表。

元素周期表中共有 118 种元素。将元素按照相对原子质量由小到大依次排列，并将化学性质相似的元素放在一个纵列。每一种元素都有一个编号，大小恰好等于该元素原子的核内质子数目，这个编号称为原子序数。

元素周期表

原子序数 — 92 U — 元素符号，红色指放射性元素
元素名称，注 * 的是人造元素 — 铀
$5f^36d^17s^2$ — 外围电子层排布，括号指可能的电子层排布
238.0 — 相对原子质量（加括号的数据为该放射性元素半衰期最长同位素的质量数）

非金属　金属　过渡元素

周期＼族	IA 1	IIA 2	IIIB 3	IVB 4	VB 5	VIB 6	VIIB 7	VIII 8	9	10	IB 11	IIB 12	IIIA 13	IVA 14	VA 15	VIA 16	VIIA 17	0 18	电子层	0族电子数
1	1 H 氢 $1s^1$ 1.008																	2 He 氦 $1s^2$ 4.003	K	2
2	3 Li 锂 $2s^1$ 6.941	4 Be 铍 $2s^2$ 9.012											5 B 硼 $2s^22p^1$ 10.81	6 C 碳 $2s^22p^2$ 12.01	7 N 氮 $2s^22p^3$ 14.01	8 O 氧 $2s^22p^4$ 16.00	9 F 氟 $2s^22p^5$ 19.00	10 Ne 氖 $2s^22p^6$ 20.18	L K	8 2
3	11 Na 钠 $3s^1$ 22.99	12 Mg 镁 $3s^2$ 24.31											13 Al 铝 $3s^23p^1$ 26.98	14 Si 硅 $3s^23p^2$ 28.09	15 P 磷 $3s^23p^3$ 30.97	16 S 硫 $3s^23p^4$ 32.06	17 Cl 氯 $3s^23p^5$ 35.45	18 Ar 氩 $3s^23p^6$ 39.95	M L K	8 8 2
4	19 K 钾 $4s^1$ 39.10	20 Ca 钙 $4s^2$ 40.08	21 Sc 钪 $3d^14s^2$ 44.96	22 Ti 钛 $3d^24s^2$ 47.87	23 V 钒 $3d^34s^2$ 50.94	24 Cr 铬 $3d^54s^1$ 52.00	25 Mn 锰 $3d^54s^2$ 54.94	26 Fe 铁 $3d^64s^2$ 55.85	27 Co 钴 $3d^74s^2$ 58.93	28 Ni 镍 $3d^84s^2$ 58.69	29 Cu 铜 $3d^{10}4s^1$ 63.55	30 Zn 锌 $3d^{10}4s^2$ 65.41	31 Ga 镓 $4s^24p^1$ 69.72	32 Ge 锗 $4s^24p^2$ 72.64	33 As 砷 $4s^24p^3$ 74.92	34 Se 硒 $4s^24p^4$ 78.96	35 Br 溴 $4s^24p^5$ 79.90	36 Kr 氪 $4s^24p^6$ 83.80	N M L K	8 18 8 2
5	37 Rb 铷 $5s^1$ 85.47	38 Sr 锶 $5s^2$ 87.62	39 Y 钇 $4d^15s^2$ 88.91	40 Zr 锆 $4d^25s^2$ 91.22	41 Nb 铌 $4d^45s^1$ 92.91	42 Mo 钼 $4d^55s^1$ 95.94	43 Tc 锝 $4d^55s^2$ [98]	44 Ru 钌 $4d^75s^1$ 101.1	45 Rh 铑 $4d^85s^1$ 102.9	46 Pd 钯 $4d^{10}$ 106.4	47 Ag 银 $4d^{10}5s^1$ 107.9	48 Cd 镉 $4d^{10}5s^2$ 112.4	49 In 铟 $5s^25p^1$ 114.8	50 Sn 锡 $5s^25p^2$ 118.7	51 Sb 锑 $5s^25p^3$ 121.8	52 Te 碲 $5s^25p^4$ 127.6	53 I 碘 $5s^25p^5$ 126.9	54 Xe 氙 $5s^25p^6$ 131.3	O N M L K	8 18 18 8 2
6	55 Cs 铯 $6s^1$ 132.9	56 Ba 钡 $6s^2$ 137.3	57～71 La～Lu 镧系	72 Hf 铪 $5d^26s^2$ 178.5	73 Ta 钽 $5d^36s^2$ 180.9	74 W 钨 $5d^46s^2$ 183.8	75 Re 铼 $5d^56s^2$ 186.2	76 Os 锇 $5d^66s^2$ 190.2	77 Ir 铱 $5d^76s^2$ 192.2	78 Pt 铂 $5d^96s^1$ 195.1	79 Au 金 $5d^{10}6s^1$ 197.0	80 Hg 汞 $5d^{10}6s^2$ 200.6	81 Tl 铊 $6s^26p^1$ 204.4	82 Pb 铅 $6s^26p^2$ 207.2	83 Bi 铋 $6s^26p^3$ 209.0	84 Po 钋 $6s^26p^4$ [209]	85 At 砹 $6s^26p^5$ [210]	86 Rn 氡 $6s^26p^6$ [222]	P O N M L K	8 18 32 18 8 2
7	87 Fr 钫 $7s^1$ [223]	88 Ra 镭 $7s^2$ [226]	89～103 Ac～Lr 锕系	104 Rf 𬬻* $(6d^27s^2)$ [261]	105 Db 𬭊* $(6d^37s^2)$ [262]	106 Sg 𬭳* [266]	107 Bh 𬭛* [264]	108 Hs 𬭶* [277]	109 Mt 鿏* [268]	110 Uun * [281]	111 Uuu * [272]	112 Uub * [285]	……							

镧系	57 La 镧 $5d^16s^2$ 138.9	58 Ce 铈 $4f^15d^16s^2$ 140.1	59 Pr 镨 $4f^36s^2$ 140.9	60 Nd 钕 $4f^46s^2$ 144.2	61 Pm 钷 $4f^56s^2$ [145]	62 Sm 钐 $4f^66s^2$ 150.4	63 Eu 铕 $4f^76s^2$ 152.0	64 Gd 钆 $4f^75d^16s^2$ 157.3	65 Tb 铽 $4f^96s^2$ 158.9	66 Dy 镝 $4f^{10}6s^2$ 162.5	67 Ho 钬 $4f^{11}6s^2$ 164.9	68 Er 铒 $4f^{12}6s^2$ 167.3	69 Tm 铥 $4f^{13}6s^2$ 168.9	70 Yb 镱 $4f^{14}6s^2$ 173.0	71 Lu 镥 $4f^{14}5d^16s^2$ 175.0
锕系	89 Ac 锕 $6d^17s^2$ [227]	90 Th 钍 $6d^27s^2$ 232.0	91 Pa 镤 $5f^26d^17s^2$ 231.0	92 U 铀 $5f^36d^17s^2$ 238.0	93 Np 镎 $5f^46d^17s^2$ [237]	94 Pu 钚 $5f^67s^2$ [244]	95 Am 镅* $5f^77s^2$ [243]	96 Cm 锔* $5f^76d^17s^2$ [247]	97 Bk 锫* $5f^97s^2$ [247]	98 Cf 锎* $5f^{10}7s^2$ [251]	99 Es 锿* $5f^{11}7s^2$ [252]	100 Fm 镄* $(5f^{12}7s^2)$ [257]	101 Md 钔* $(5f^{13}7s^2)$ [258]	102 No 锘* $(5f^{14}7s^2)$ [259]	103 Lr 铹* $(5f^{14}6d^17s^2)$ [262]

注：相对原子质量录自2001年国际原子量表，并全部取4位有效数字。

元素周期表

在周期表中，元素是以元素的原子序数排列，最小的排行最先。表中一横行称为一个周期，一列称为一个族。

原子的核外电子排布和性质有明显的规律性，科学家们是按原子序数递增排列，将核外电子层数相同的元素放在同一行，将最外层电子数相同的元素放在同一列。

元素周期表有 7 个周期，16 个族。每一个横行叫做一个周期，每一个纵行叫做一个族。

这7个周期又可分成短周期（1、2、3）、长周期（4、5、6）和不完全周期（7）。

元素周期表共有16个族，又分为7个主族（ⅠA～ⅦA），7个副族（ⅠB～ⅦB），1个第Ⅷ族，1个零族。

元素在周期表中的位置不仅反映了元素的原子结构，也显示了元素性质的递变规律和元素之间的内在联系。使其构成了一个完整的体系，成为化学发展的重要里程碑之一。

结合元素周期表，元素周期律可以表述为：元素的性质随着原子序数的递增而呈周期性的递变规律。

在同一周期中，元素的金属性从左到右递减，非金属性从左到右递增，在同一族中，元素的金属性从上到下递增，非金属性从上到下递减；

同一周期中，元素的最高正氧化数从左到右递增（没有正价的除外），最低负氧化数从左到右逐渐增高；

同一族的元素性质相近。

主族元素同一周期中，原子半径随着原子序数的增加而减小。同一族中，原子半径随着原子序数的增加而增大。如果粒子的电子构型相同，则阴离子的半径比阳离子大，且半径随着电荷数的增加而减小。

元素周期律是自然科学的基本规律，也是无机化学的基础。各种元素形成有周期性规律的体系，成为元素周期系，元素周期表则是元素周期系的表现形式。

元素周期表是学习和研究化学的一种重要工具。元素周期表是元素周期律的具体表现形式，它反映了元素之间的内在联系，是对元素的一种很好的自然分类。人们可以利用元素的性质、它在周期表中的位置和它的原子结构三者之间的密切关系，来指导我们对化学的学习研究。

过去，门捷列夫曾用元素周期律来预言未知元素并获得了证实。此后，人们在元素周期律和周期表的指导下，对元素的性质进行了系统的研究，对物质结构理论的发展起了一定的推动作用。不仅如此，元素周期律和周期表为新元素的发现及预测它们的原子结构和性质提供了线索。

元素周期律和周期表，揭示了元素之间的内在联系，反映了元素性质与它的原子结构的关系，在自然科学、生产实践各方面，都有重要意义。

1. 在自然科学方面，周期表为发展物质结构理论提供了客观依据。原子的电子层结构与元素周期表有密切关系，周期表为发展过渡元素结构，镧系和锕系结构理论，甚至为指导新元素的合成，预测新元素的结构和性质都提供了线索。元素周期律和周期表在自然科学的许多部门，首先是化学、物理学、生物学、地球化学等方面，都是重要的工具。

2. 在生产上的某些应用，由于在周期表中位置靠近的元素性质相似，这就启发人们在周期表中一定的区域内寻找新的物质。

（1）农药多数是含氯 Cl、磷 P、硫 S、氮 N、砷 As 等元素的化合物。

（2）半导体材料都是周期表里金属与非金属接界处的元素，如锗 Ge、硅 Si、镓 Ga、硒 Se 等。

（3）催化剂的选择：人们在长期的生产实践中，已发现过渡元素对许多化学反应有良好的催化性能。进一步研究发现，这些元素的催化性能跟它们的原子的 *d* 轨道没有充满有密切关系。于是，人们努力在过渡元素（包括稀土元素）中寻找各种优良催化剂。例如，目前人们已能用铁、镍熔剂做催化剂，使石墨在高温和高压下转化为金刚石；石油化工方面，如石油的催化裂化、重整等反应，广泛采用过渡元素做催化剂，特别是近年来发现少量稀土元素能大大改善催化剂的性能。

（4）耐高温、耐腐蚀的特种合金材料的制取：在周期表里从ⅢB 到ⅥB 的过渡元素，如钛、钽、钼、钨、铬，具有耐高温、耐腐蚀等特点。它们是制作特种合金的优良材料，是制造火箭、导弹、宇宙飞船、飞机、坦克等的不可缺少的金属。

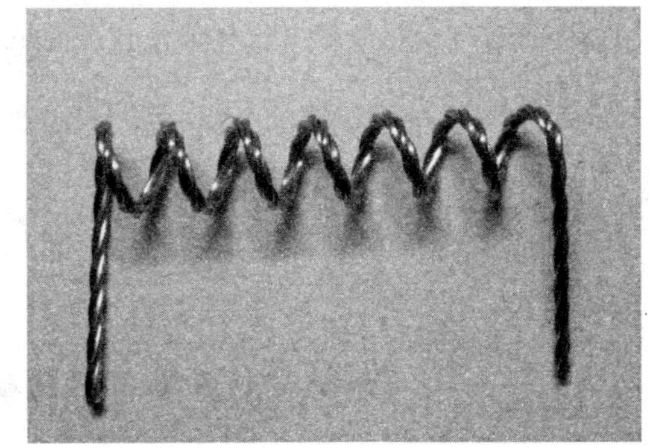

钨 丝

（5）矿物的寻找：地球上化学元素的分布跟它们在元素周期表里的位置有密切的联系。科学实验发现如下规律：

原子量较小的元素在地壳中含量较多，原子量较大的元素在地壳中含量较少；

偶数原子序数的元素较多，奇数原子序数的元素较少；

处于地球表面的元素多数呈现高价，处于岩石深处的元素多数呈现低价；

碱金属一般是强烈的亲石元素，主要富集于岩石圈的最上部；

熔点、离子半径、电负性大小相近的元素往往共生在一起，同处于一种矿石中；

在岩浆演化过程中，电负性小的、离子半径较小的、熔点较高的元素和化合物往往首先析出，进入晶格，分布在地壳的外表面；

有的科学家把周期表中性质相似的元素分为10个区域，并认为同一区域的元素往往是伴生矿，这对探矿具有指导意义。

催化剂

在化学反应里能改变其他物质的化学反应速率（既能提高也能降低），而本身的质量和化学性质在化学反应前后都没有发生改变的物质叫催化剂（也叫触媒）。

一种催化剂并非对所有的化学反应都有催化作用，例如二氧化锰在氯酸钾受热分解中起催化作用，加快化学反应速率，但对其他的化学反应就不一定有催化作用。某些化学反应并非只有唯一的催化剂，例如氯酸钾受热分解中能起催化作用的还有氧化镁、氧化铁和氧化铜等等。

金刚石和石墨为何软硬差别很大

金刚石和石墨的化学成分都是碳，科学家们称之为“同质多象变体”，也有人称“同素异形体”或“同素异构体”。从这种称呼可以知道它们具有相同的“质”，但“形”或“性”却不同，且有天壤之别。

金刚石是目前已知最硬的物质，而石墨却是最软的物质之一。大家都知道铅笔芯就是用石墨粉和黏土配比而制成的，石墨粉多则软，用“B“表示，黏土掺多了则硬，用“H”表示。矿物学家用摩氏硬度来表示相对硬度，金刚石为10，而石墨的摩氏硬度只有1。它们的硬度差别那么大，关键在于它们的内部结构有很大的差异。

石墨内部的碳原子呈层状排列，一个碳原子周围只有3个碳原子与其相连，碳与碳组成了六边形的环状，无限多的六边形组成了一层。层与层之间联系力非常弱，而层内三个碳原子联系很牢，因此受力后层间就很容易滑动，这就是石墨很软、能写字的原因。

金刚石内部的碳原子呈“骨架”状三维空间排列，一个碳原子周围有4个碳原子相连，因此在三维空间形成了一个骨架状，这种结构在各个方向联系力均匀，联结力很强，因此使金刚石具有高硬度的特性。

石墨和金刚石的硬度差别如此之大，但人们还是希望能用人工合成方法来获取金刚石。1938年，学者罗西尼通过热力学计算，奠定了合成金刚石的理论基础，算出要使石墨变成金刚石，至少要在15 000个大气压、1 500℃的高温条件下才可以。

元素周期表的问题和争议

化学元素周期表在一次又一次检验中向前发展，在原子结构的研究中获得理论解释，形成一个完整的体系。但是还是存在问题和争议。

典型的例子是氢在元素周期表中的位置问题。当初，门捷列夫将它安置在ⅠA族中，后来有人将它改放在Ⅶ族中。目前在多数元素周期表中，ⅠA族和ⅦA族中都有它。还有人将它和碳列为同族。

将它放置在ⅠA族，理由是它和ⅠA族中其他碱金属元素原子的外层电子数相同，都是1。它和碱金属一样，可以丢失一个电子，成为一价阳离子。但是氢离子H^+只能形成水合阳离子H_3O^+，不像其他碱金属的阳离子能够在晶体中存在。虽然它在化合物中能被金属置换，但是从它所表现的性质来看，至今无法承认它是一种金属元素，又怎能和典型的碱金属元素合为一族呢?

将它放置在ⅦA族中理由是它与某些金属结合时，生成在性质上与卤化物相似的氢化物，例如 NaH、CaH_2 和 NaCl、$CaCl_2$ 等。它和卤素一样，两个原子以共价键结合，形成分子 H_2、Cl_2、Br_2 等。

可是，氢原子外层电子数是 1，而ⅦA 族卤素原子的最外层电子数是 7。这个差别是很大的。根据元素周期表中元素性质递变的规律，由上至下元素的金属性越来越强；由下至上元素的非金属性越来越强，将氢放置在ⅦA 族卤素氟的上面，就意味着氢比氟表现出更强的非金属性，这又是不符合事实的。

将它放置在ⅣA 族碳的上面，认为许多氢化物的性质和甲基——CH_3 化合物相似，但是从原子结构和其他表现的性质来说，都是不适合的。

把它甩在一边，放置在一个孤独的位置上，那是不妥当的，因为它是一种化学元素，在化学元素周期表中应该有它的位置。

氦在元素周期表中的位置也是有问题的。

按照氦表现的性质来说，毫无疑问，它应当和惰性气体合为一族，即门捷列夫当初在拉姆塞建议后设置的零族，或今天通用的长式周期表中的ⅧA 族。可是其他所有惰性气体元素原子最外层电子数都是 8，而氦是 2，那就应该将它放置在ⅡA 族里，但是氦和ⅡA 族里的所有元素的性质是迥然不同的。

按照元素周期律来说，元素周期表中的每一族，即每一竖行，出现性质相似的元素；每一周期，即每一横列，元素的性质在递变。这在短周期中表现得是明显的，但在长周期中，却表现得不明显了，甚至出现了一系列性质相似的元素。

例如ⅧB 族中的元素以及长周期中部的元素。这就出现了横的性质相似性。这在镧系元素和锕系元素方面表现得更突出。为什么会出现这种情况，虽然从它们的原子结构中得到解释，但是又怎样用元素周期律来说明呢？

按照化学性质来说，ⅠA 族中的锂 Li 与ⅡA 族中的镁 Mg 相似。锂和镁的氢氧化物 LiOH 和 $Mg(OH)_2$ 都是中强碱，$Mg(OH)_2$ 难溶于水，LiOH 在水中溶解度也不太大。锂和镁的氟化物都是难溶于水的，而它们的氯化物、溴化物、碘化物都是易溶于水的。

同样地，ⅡA 族的铍 Be 与ⅢA 族的铝 A1 相似。铍和铝的氢氧化物 $Be(OH)_2$、$A1(OH)_3$ 都是两性氢氧化物，而且都难溶于水。它们的氯化物、溴化物、碘化物都易溶于水。

还有ⅢA族中的硼B与ⅣA族的硅Si相似。硼酸H_3BO_3和硅酸H_2SiO_3都是弱酸，在水中溶解度都不大，硼、硅又都能与碱溶液反应生成氢。

这三对化学元素在化学元素周期表中处于对角线的位置，说明主族元素中除同族元素性质相似外，还出现“对角线”相似性：

Li	Be	B	C
Na	Mg	Al	Si

这就是说，在元素周期表中不仅出现横的性质相似，更出现对角的性质相似。这虽然也可以从原子结构中找到解释，可是用元素周期律很难说明。

氧O、硫S、硒Se、碲Te、钋Po同属ⅥA族，性质相似，已知有一氧化碳CO，但是迄今未知一硫化碳CS以及其他氧族元素相应的化合物。硫除形成二氧化硫SO_2外，还形成三氧化硫SO_3。三氧化硫是硫的最高价氧化物，是六价。碲也能形成三氧化碲TeO_3，似乎可以设想在硫和碲之间的硒也能形成最高价氧化物三氧化硒SeO_3。但是三氧化硒至今未制得或发现，有人认为三氧化硒是根本不存在的。

卤素氟F、氯Cl、溴Br、碘I、砹At与碱金属锂Li、钠Na、钾K、铷Rb、铯Cs之间能形成多卤素化合物，如RbI_3，但未见锂和钠的相应化合物。

事实上碳C、氮N、氧O、氟F的化合物化学式有许多例外的情况，用化学元素周期律还说不清楚。

钠有系列水合物$Na_2SO_4 \cdot 10H_2O$、$Na_2CO_3 \cdot 10H_2O$、$Na_2HPO_4 \cdot 12H_2O$，而钾的同类化合物却都是无水合盐K_2SO_4、K_2CO_3、K_2HPO_4。

已知有氯酸钠$NaClO_3$，但是不存在氟酸钠$NaFO_3$；尽管硝酸钠是一种稳定化合物，但它的化学式$NaNO_3$与它同类化合物磷酸钠Na_3PO_4却截然不同。

氯在周期表中的位置显示它是七价，但至今未发现它的同族元素溴Br的七价化合物，可见周期表中的族数并不能完全反映一些元素的常见价态，也不能从周期表中看出元素可以有几种原子价。

还有一些化学元素表现出性质相似性，例如铜Cu和汞Hg、银Ag和铊Tl、钡Ba和铅Pb、铬Cr和锰Mn等，从元素周期表中却找不到任何暗示。

化合价

化合价是物质中的原子得失的电子数或共用电子对偏移的数目。

元素的“化合价”是元素的一种重要性质，这种性质只有跟其他元素相化合时才表现出来。就是说，当元素以游离态存在时，即没有跟其他元素相互结合成化合物时，该元素是不表现其化合价的，因此单质元素的化合价为“0”。

元素之最

1. 发现元素最多的国家是英国，共22种。
2. 发现元素最多的科学家是美国人杰奥索，共12种。
3. 发现元素最多的一年是1898年，共5种。
4. 地壳中含量最多的元素是氧，为48.6%。
5. 地壳中含量最少的元素是砹，一共只有0.28克。
6. 大气中含量最多的元素是氮，为75.5%。
7. 海洋中含量最多的元素是氧，为85.79%。
8. 人体中含量最多的元素是氧，为65%。

各种样式的元素周期表

短式周期表

短式周期表是在门捷列夫创立的元素周期表基础上发展起来的。当时

短式周期表

周期	第0族	第1族 A	第1族 B	第2族 A	第2族 B	第3族 B	第3族 A	第4族 B	第4族 A	第5族 B	第5族 A	第6族 B	第6族 A	第7族 B	第7族 A	第8族		
0		1 **H** 1.008																
1 第1短周期	2 **He** 4.003	3 **Li** 6.941		4 **Be** 9.012			5 **B** 10.81		6 **C** 12.01		7 **N** 14.01		8 **O** 16.00		9 **F** 19.00			
2 第2短周期	10 **Ne** 20.18	11 **Na** 22.99		12 **Mg** 24.30			13 **Al** 26.98		14 **Si** 28.09		15 **P** 30.97		16 **S** 32.06		17 **Cl** 35.45			
3 第1长周期	18 **Ar** 39.95	19 **K** 39.10	29 **Cu** 63.55	20 **Ca** 40.08	30 **Zn** 65.38	21 **Sc** 44.96	31 **Ga** 69.72	22 **Ti** 47.90	32 **Ge** 72.59	23 **V** 50.94	33 **As** 74.92	24 **Cr** 52.00	34 **Se** 78.96	25 **Mn** 54.94	35 **Br** 79.90	26 **Fe** 55.85	27 **Co** 58.93	26 **Ni** 58.70
4 第2长周期	36 **Kr** 83.80	37 **Rb** 85.47	47 **Ag** 107.87	38 **Sr** 87.62	48 **Cd** 112.40	39 **Y** 88.91	49 **In** 114.82	40 **Zr** 91.22	50 **Sn** 118.69	41 **Nb** 92.91	51 **Sb** 121.75	42 **Mo** 95.94	52 **Te** 127.60	43 **Tc** (97)	53 **I** 126.90	44 **Ru** 101.07	45 **Rh** 102.91	46 **Pd** 106.4
5 第3长周期	54 **Xe** 131.30	55 **Cs** 132.91	79 **Au** 196.97	56 **Ba** 137.34	80 **Hg** 200.59	57* **La** 138.91	81 **Ti** 204.37	72 **Hf** 178.49	82 **Pb** 207.2	73 **Ta** 180.95	83 **Bi** 208.98	74 **W** 183.85	84 **Po** (209)	75 **Re** 186.21	85 **At** (210)	76 **Os** 190.2	77 **Ir** 192.22	78 **Pt** 195.09
6	86 **Rn** (222)	87 **Fr** (223)		88 **Ra** 226.03		89** **Ac** (227)		104 **Rf**		105 **Db**		106 **Sg**						

* 镧系元素	57 **La** 138	58 **Ce** 140.1	59 **Pr** 140.9	60 **Nd** 144.2	61 **Pm** (145)	62 **Sm** 150.4	63 **Eu** 152.0	64 **Gd** 157.3	65 **Tb** 158.9	66 **Dy** 162.5	67 **Ho** 164.9	68 **Er** 167.3	69 **Tm** 168.9	70 **Yb** 173.0	71 **Lu** 175.0
** 锕系元素	89 **Ac** 227	90 **Th** 232.04	91 **Pa** 231.04	92 **U** 238.03	93 **Np** 237.05	94 **Pu** (244)	95 **Am** (243)	96 **Cm** (247)	97 **Bk** (247)	98 **Cf** (251)	99 **Es** (254)	100 **Fm** (257)	101 **Md** (258)	102 **No** (255)	103 **Lr** (260)

表中排列了 63 种元素，还留有许多空位。在短式周期表中有 9 个族之分。

由金属至非金属放在Ⅰ～Ⅶ族，过渡元素放在第Ⅷ族，稀有气体放在零族。在Ⅰ～Ⅶ族里，每族有 2 列，分为主族（A）和副族（B），把主、副族元素放在同一格内。鉴于两者的化学性质有明显差异，而纵列内主副族元素之间性质十分相似，为便于分清和比较，故而放置在一左一右的位置。其中Ⅰ～Ⅱ族为 A 左 B 右，Ⅲ～Ⅶ族为 B 左 A 右。

长式周期表

长式周期表或称中—长型周期表最早是瑞典化学家维尔纳在 1905 年提出的。他改变了门捷列夫周期表的格式，创立了今天通用的周期表格式。

该表包括了 7 个横列（周期）和 18 个纵行（16 个族）。其特点是每一种元素（镧系和锕系除外）只占周期表中一小格；把 57 号至 71 号的 15 个元素和 89 号至 103 号的 15 个元素分布的两个横列置于表的下方；在纵列中可清晰显示上下元素族类似的化学特性。

但是，总的来说，显得不太对称。尽管如此，它仍是目前最有实用价值的元素周期表。

竖式周期表

竖式元素周期表可看成是长式周期表经逆时针方向转动而成。就像很多书写格式那样，低族元素在左，高族元素在右。这种周期表的特点是，镧系和锕系合并在主要表中。它与标准周期表相比，在垂直方向上显得更长。

塔式周期表

形状似金字塔式的周期表是元素周期表的又一种表现形式。它以 1895 年汤姆逊的设计和 1922 年玻尔的设计为基础的，与 1935 年泽马佐斯基设计的三角形周期表很相似。

周期 1	2	3	4	5	6	7	族
H 1	Li 3	Na 11	K 19	Rb 37	Cs 55	Fr 87	1(ⅠA)
	Be 4	Mg 12	Ca 20	Sr 38	Ba 56	Ra 88	2(ⅡA)
					La 57	Ac 89	
					Ce 58	Th 90	
					Pr 59	Pa 91	
					Nd 60	U 92	
					Pm 61	Np 93	
					Sm 62	Pu 94	
					Eu 63	Am 95	
					Gd 64	Cm 96	
					Tb 65	Bk 97	
					Dy 66	Cf 98	
					Ho 67	Es 99	
					Er 68	Fm 100	
					Tm 69	Md 101	
					Yb 70	No 102	
			Sc 21	Y 39	Lu 71	Lr 103	3(ⅢB)
			Ti 22	Zr 40	Hf 72	Rf 104	4(ⅣB)
			V 23	Nb 41	Ta 73	Db 105	5(ⅤB)
			Cr 24	Mo 42	W 74	Sg 106	6(ⅥB)
			Mn 25	Tc 43	Re 75	Bh 107	7(ⅦB)
			Fe 26	Ru 44	Os 76	Hs 108	8(ⅧB)
			Co 27	Rh 45	Ir 77	Mt 109	9(ⅧB)
			Ni 28	Pd 46	Pt 78	Ds 110	10(ⅧB)
			Cu 29	Ag 47	Au 79	Uuu 111	11(ⅠB)
			Zn 30	Cd 48	Hg 80	Uub 112	12(ⅡB)
	B 5	Al 13	Ga 31	In 49	Tl 81	Unt 113	13(ⅢA)
	C 6	Si 14	Ge 32	Sn 50	Pb 82	Uuq 114	14(ⅣA)
	N 7	P 15	As 33	Sb 51	Bi 83	Uup 115	15(ⅤA)
	O 8	S 16	Se 34	Te 52	Po 84	Uuh 116	16(ⅥA)
	F 9	Cl 17	Br 35	I 53	At 85	Uus 117	17(ⅦA)
He 2	Ne 10	Ar 18	Kr 36	Xe 54	Rn 86	Uuo 118	18(ⅧA)

竖式元素周期表

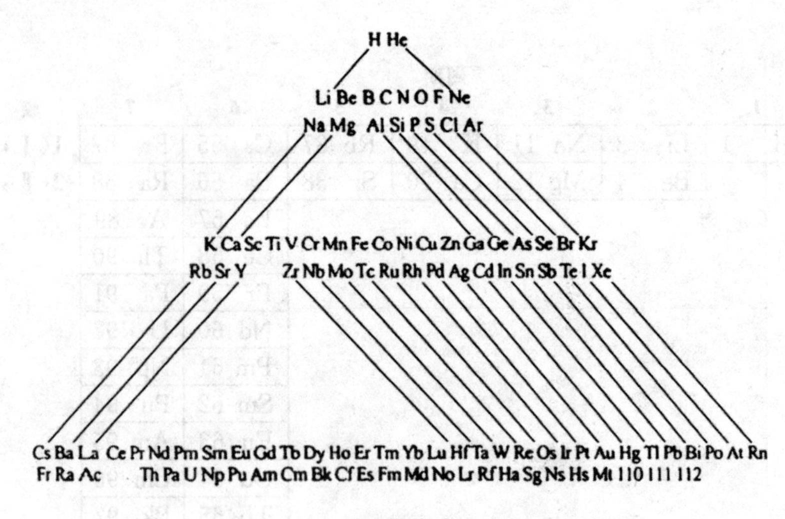

塔式周期表

1989 年美国辛辛那提大学詹逊对塔式周期表又作了改进。

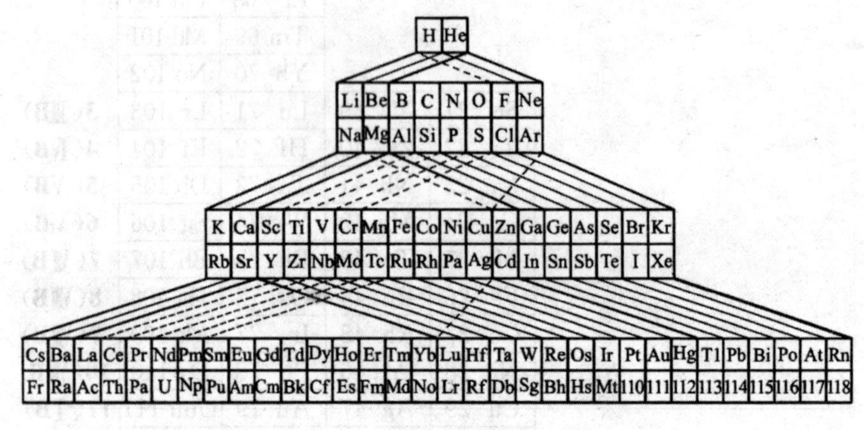

改进后的塔式周期表

表中粗实线表示具有同样外层电子类型的元素，细实线表示属于同族的元素，虚线表示化学特性中的次级关系。

在塔式周期表中，同族元素以直线连接，每一周期呈一横列，显示出周期律的对称性。不仅妥当地安排了氢和氦的位置，还能较好地预示周期系的未来面貌。

其缺点是族和周期均不够明显，对于特长周期或超长周期来说，排列显得过于冗长。

圆形周期表

皮尔莱在2003年提出了一种圆形周期表的设想。以克服常用的短式和长式周期表采用线性方式排列元素的缺点：不能清楚地显示出电子轨道结构，而正是这种电子结构确定了元素的物理性质和化学性质。

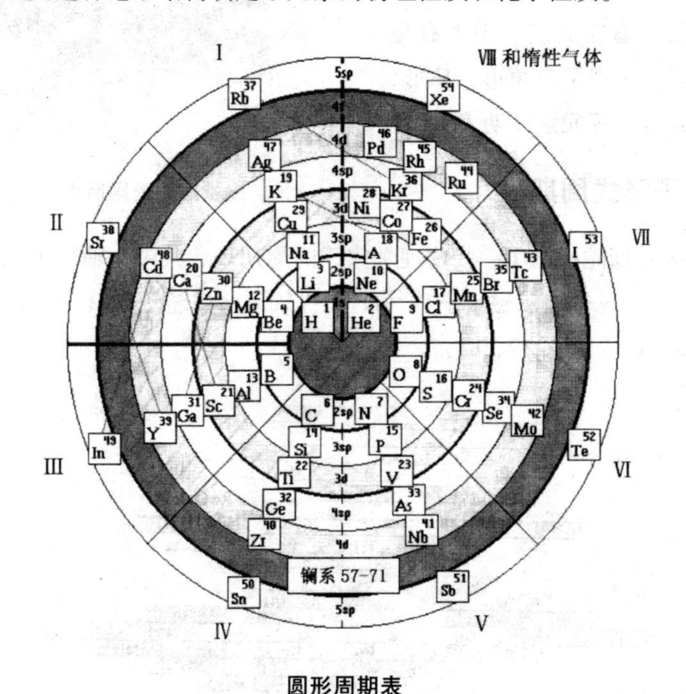

圆形周期表

该周期表分成八大基本区域。含有正常顺序的电子轨道：1*s*、2*sp*、3*spd*、4*spdf* 等（*s* 轨道和 *p* 轨道合在同一壳层）。主族元素和副族元素放在同一区域。过渡元素也一并填充在图中。14种镧系元素放在4*f* 壳层位置，未再单独排列。每一种元素放置在对其性质起主要作用的壳层内，结果有一些元素，当电子跳入不同壳层时，它们就不会在原来的序列中（图中用虚线表示了这种跳跃）。该周期表由于受到空间的限制，仅仅显示了1～54号元素。

此外，也已出现其他形式的圆形周期表。

异形周期表

在短式或长式周期表中，都是把镧系或锕系从整个周期表中拉出来，放在主表下面。为了把镧系和锕系均收入周期表中，也为了使氢和氦在周期表中占有显著的位置，出现了三角形、环形、扇形和螺旋形等元素周期表。

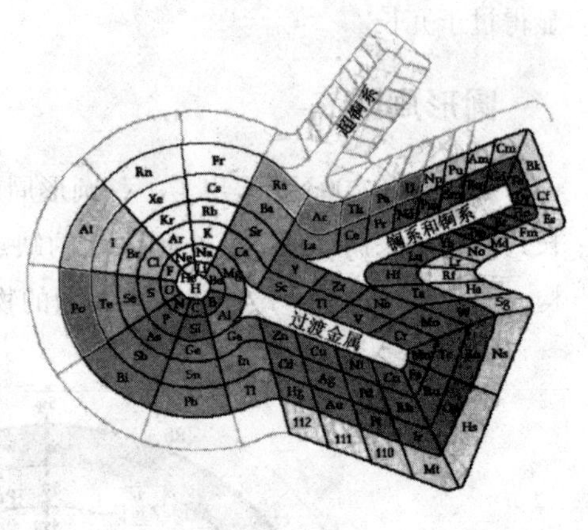

螺旋形元素周期表

量子形式周期表

1988 年斯陀提出了一张物理学家用的周期表。其中 x 轴表示电子自旋量子数（s），y 轴表示磁量子数（m），纵轴表示主量子数（n），即指各个周期（$n=1$，2，…，7，8）。

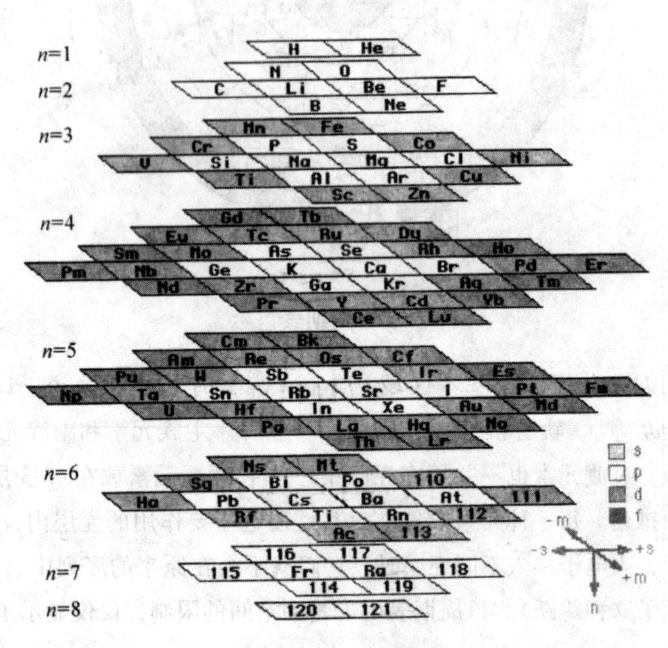

量子形式元素周期表

量　子

量子一词来自拉丁语，意为“多少”，代表“相当数量的某事”。在物理学中常用到量子的概念，量子是一个不可分割的基本个体。例如，一个“光的量子”是光的单位。而量子力学、量子光学等等，更成为不同的专业研究领域。

汤姆逊简介

约瑟夫·约翰·汤姆逊，英国物理学家，电子的发现者，世界著名的卡文迪许第三任实验室主任。

1856 年 12 月 18 日，汤姆逊生于英国曼彻斯特，父亲是一个专门印制大学课本的商人，由于职业的关系，他父亲结识了曼彻斯特大学的一些教授。汤姆逊从小就受到学者的影响，学习很认真，14 岁便进入了曼彻斯特大学。在大学学习期间，他受到了司徒华教授的精心指导，加上他自己的刻苦钻研，学业提高很快。

1876 年，即 21 岁时，他被保送进了剑桥大学三一学院深造，1880 年他参加了剑桥大学的学位考试，以第二名的优异成绩取得学位，随后被选为三一学院学员，两年后又被任命为大学讲师。他在数学物理学方面具有很高修养。发表了《论涡旋环的运动》和《论动力学在物理学和化学中的应用》论文。

1884 年，28 岁的汤姆逊在瑞利的推荐下，担任了卡文迪许实验室物理学教授。1897 年汤姆逊在研究稀薄气体放电的实验中，证明了电子的存在，测定了电子的荷质比，轰动了整个物理学界。

1905 年，他被任命为英国皇家学院的教授；1906 年荣获诺贝尔物理学奖；1916年任皇家学会主席；1919年被选为科学院外籍委员会首脑。汤姆逊在担任卡文迪许实验物理教授及实验室主任的34年，桃李满天下。

1940年8月30日，汤姆逊逝世于剑桥。终年84岁。

元素周期表的未来

门捷列夫发现周期律以来，时至今日，已140余年。通过众多科学工作者的不断努力，无论在深度或广度上，元素周期表所显示的内容及其变化规律，已为越来越多的人所熟悉和掌握，成为人们进行社会生产、科学研究的重要工具。2006年，随着第118号元素的发现，元素周期表未来什么样这个问题又摆在我们面前等待探讨。

元素周期表是否收敛

在这个问题上，国内外皆存在争论。有人认为，周期性是否定之否定规律的客观表现。按照逻辑上的推理，周期性即是周期表第一位的、最典型的特征，而任何一个具有周期性发展的事物，必然会有它的起点和终点。而且在整个周期的终点，会出现一个死亡点元素，而且在该元素内，只有全部失去质子（包括电子、中子、电子中微子），才能进入真正的“死亡”阶段，才能丧失元素的一切个性。因此，周期表的终点元素，是一个已全部丧失核外电子及核内质子、中子的元素。

既然有了“稳定岛”理论，核物理学家、化学家们便积极地在自然界中寻找可能存在的“稳定岛”元素。假如“稳定岛”确实存在的话，那么按照这一理论，应该还可能出现“稳定洲”，则铀后面的元素将延伸得很远很远。但是，仍然有很多科学家认为超铀元素是有界的，其界限离铀元素不会太远。

但也有人认为，虽然人工方法合成更新的超重元素存在技术问题，但科学和技术的发展日新月异，放射化学家的努力也是永无止境的，困难将逐个被解决。从这个意义上讲，元素周期表必将继续延长下去。

另一方面，物质不灭定律、能量守恒和转化定律表明：物质运动没有开端和结尾，在时间上是无限的。所以，物质层次结构是不可穷尽的，物质运动形式的转化是永无终止的。如果我们从这个规律来看，“元素周期表是否收敛”这个问题的答案也许是“周期表没有终点”。

元素周期表的终点在何方

在承认周期表是收敛的观点中，对于终点元素的位置，国内外有关学者，众说纷纭，莫衷一是。有人根据对元素周期表的重新编排，并通过对周期表的结构分析，找到终点元素所在位置。比如：

1. 周期性变化过程的起点和终点皆有两重性。譬如一个过程的终点，一定是下一个过程的起点。反之亦然，否则就会中断，失去周期重复的可能性。所以，周期表的起点与终点，都是两性点，它们一定会出现在表“两性线”（Al—Ge—Sb—Po）的延伸线上。另外值得注意的，当“两性线”延伸到第168号元素时，已抵达周期表的边界，不能再向下、向外延伸了，因此终点元素，不可能超越168号元素。

2. “周期终点线”是周期表内各个周期终点的连接线（He—Ne—Ar—Xe—Rn）。很显然，整个周期表的终点元素，只能位于“周期终点线”的延伸线上。

3. 168号元素正好位于“两性线”与“周期终点线”的交点部位，它是表中唯一能满足上述要求的点，把它作为周期表的终点，最理想不过了。

4. 也有科学家认为，第二周期和第三周期、第四周期和第五周期、第六周期和第七周期一样，均含有相同数目的元素数目，那么是不是会出现第八周期和第九周期元素数目相等的情况？这样，元素的数目最多可达218种。

元素周期表如何改进和扩展

“化学没有周期表如同航行没有罗盘一样不可想像，但是这并没有制止某些化学家正试图改进它”。

1. 反方向的周期表

有趣的是，有些科学家还提出元素周期表还可以向负方向发展，这是由于科学上发现了正电子、负质子（反质子），在其他星球上是否存在由这些反质子和正电子以及中子组成的反原子呢？这种观点若有一朝被实践证实，周期表当然可以出现核电荷数为负数的反元素，向负向发展也就顺理成章了。当然，存在了零号元素，就像数学中的整数一样，除了正整数，还有负整数。

2. 分子周期表

分子周期表的主要设计者是美国南基督安息日学院物理学家 Hefferlin，他研制了两种周期体系，一是“物理体系”，该体系中所有分子含有相同的原子；另一种是含有不同数目原子的分子的“化学体系”。

早在 20 世纪 70 年代后期，Hefferlin 提出了一个双原子分子的完整的周期体系，包含 15 个三维框架，框架中的一维是将周期表中组成原子的排数相加，而另外两维则是两个单个原子的行数。

在他的框架中已经观察到的具有周期性的特性有：分子中两原子之间的间隔距离，分子吸收各种光的频率，从分子中激发一个电子所需能量等等。在后面几年，Hefferlin 和中国科技大学的孔繁敖还分别提出了三原子分子体系和四原子分子体系，甚至有些科学家对某一类化合物提出特别的周期表，比如有机分子的周期表。

哈勃天文望远镜

门捷列夫也许会被一些“企图”扩展和扩大他思想的做法迷住，但是他们没有人能达到像门捷列夫那样在预测化学元素性质上的先驱作用。

人们还发现，宇宙中的已知物质和天体，都是由表内已知的元素所组成。周期表内元素原子序数增长的方向，又与组成天体的物质演化趋势一致，这也为众人所共认。根据当前人类的估计，30% 的宇宙是暗物质，65% 的宇宙是暗能量。

通过望远镜观察到的近 2 000 亿个星系，每个星系中又有 2 000 亿个星球，再加上弥漫太空中的氢、氦、中微子等，而这些总加起来，仅占宇宙的 5%。我们原来认识的由电子、质子、中子构成的物质世界，仅占宇宙的 5%，还有 95% 的宇宙是未知的。

当前的元素周期表也只是适用于已知宇宙中的很小部分，那么在那么大未知的世界中，元素周期表又应该是什么样的面貌呢？太多的奥秘值得人类世代追寻。

暗物质

在宇宙学中，暗物质是指那些自身不发射电磁辐射，也不与电磁波相互作用的一种物质。人们目前只能通过引力产生的效应得知宇宙中有大量暗物质的存在。

几十年前，暗物质刚被提出来时仅仅是理论的产物，但是现在我们知道暗物质已经成为了宇宙的重要组成部分。

宇宙演化的预测

根据天文观测和宇宙学理论，可以对可观测宇宙未来的演化作出预言。均匀各向同性的宇宙的膨胀满足弗里德曼方程。

多年来，人们认为，根据这一方程，物质的引力会导致宇宙的膨胀减速。宇宙的最终命运决定于物质的多少：如果物质密度超过临界密度，宇宙的膨胀最后会停止，并逆转为收缩，最终形成与大爆炸相对的一个“大坍缩”；如果物质密度等于或低于临界密度，则宇宙会一直膨胀下去。另外，宇宙的几何形状也与密度有关：如果密度大于临界密度，宇宙的几何应该是封闭的；如果密度等于临界密度，宇宙的几何是平直的；如果宇宙的密度小于临界密度，宇宙的几何是开放的。并且，宇宙的膨胀总是减速的。

然而，根据近年来对超新星和宇宙微波背景辐射等天文观测，虽然物质的密度小于临界密度，宇宙的几何却是平直的，也即宇宙总密度应该等于临界密度。并且，膨胀正在加速。这些现象说明宇宙中存在着暗能量。

不同于普通所说的“物质”，暗能量产生的重力不是引力而是斥力。在存在暗能量的情况下，宇宙的命运取决于暗能量的密度和性质，宇宙的最终命运可能是无限膨胀，渐缓膨胀趋于稳定，或者是与大爆炸相对的一个“大坍缩”，或者也可能膨胀不断加速，成为“大撕裂”。

目前，由于对暗能量的性质缺乏了解，还难以对宇宙的命运作出肯定的预言。

元素规律的早期探索

到1869年，已有63种元素被人们所认识。进一步寻找新元素成为当时化学家最热门的课题。但是地球上究竟有多少元素？怎样去寻找新的元素？却没有人能做比较科学的回答。寻找新元素的工作也因为缺乏正确的理论指导，而带有很大的盲目性，常常白白地耗费了许多精力。

在这样的背景下，从事元素分类工作和寻找元素之间内在联系的许多化学家，经过长期的共同努力，取得了一系列研究成果，奠定了化学元素周期律形成的基础。

元素周期表形成的基础：元素大发现

化学元素周期表的形成和发展与化学元素的发现密切相关，只有化学元素发现逐渐增多，才有可能使化学元素周期系被发现；只有化学元素发现在逐渐增多，才有可能使化学元素周期系不断向前发展。

化学元素的发现又与化学这门科学本身的发展密切相关。古代的化学一开始是在人们的社会生活和生产实践中产生的。

古代时期的元素发现

原始社会初期，人类使用的劳动工具主要是石器，是简单而粗大的石块，当时人们就借助于这样的工具猎取野兽，挖掘可食植物的根茎。历史上把这个时期称为旧石器时代。

在漫长的旧石器时代里，人们慢慢学会制造磨光的、比较细致的石头工具，于是人类社会逐渐进入新石器时代。

旧石器时代的工具

根据历史学家和考古学家们的研究和考证，在旧石器时代里，人类已经开始使用火。

火的利用是人类在化学中的第一个发现。人类由于使用了火，不仅有了防御野兽侵害的武器，也使人类从生食改变为熟食，缩短了消化过程，从而促进了人类机体的生理变化和发展，而且有可能制陶。这是最早出现的硅酸盐化学工艺。

随着制陶技术逐渐成熟，为金属冶炼和铸造提供了必要的条件，这包括冶炼和铸造所需要的高温技术、耐火材料和造型材料等。

随着火的发现和利用，人们获得了木炭。木炭在古老的金属冶炼中不仅被用做燃料，而且是化学反应的还原剂。

这样，在公元前4000年到公元前2000年间，人类在开始进入奴隶社会的期间里，也开始从使用石制的劳动工具过渡到使用金属劳动工具，从石器时代跨入金属时代，原始的狩猎经济也开始让位给农业和畜牧业，紧接着手工业出现了。

金属劳动工具的制造是建立在金属冶炼和锻铸的基础上的，农业和畜牧业的兴起带来的是酿造、鞣革以及漂染等行业。当时的烧制陶瓷、金属冶炼、食物酿造等是最早的化学生产实践。

正是古代人们在社会生活和生产实践中观察到，水在篝火上受热化为汽，遇冷结成冰，木材烧尽成为炭，黏土烧成不漏水的陶器，绿色的孔雀石变成黄色的铜，谷类变成醇香的酒，花香从远处缓缓飘来，烟雾袅袅散在空气中……使古代一些先贤们提出物质是在变化的和具有一定组成的论说。

孔雀石

随着人类社会由奴隶制进入封建制，帝王将相和封建地主们妄想长生富贵，炼丹术和炼金术应运而生；广大人民需要医药，于是出现医药化学；在社会前进和其他科学技术的发展下，工艺化学产生了。

就在这段漫长的时期里，出现了碳、硫、砷、氧、磷5种非金属单质和金、银、铜、锡、铁、汞、铅、锌、锑、铋、镍、铂12种金属单质，被后来人认为是化学元素。

碳是自然界中含量相当丰富的元素之一。自然界中以单质状态存在的有金刚石、石墨和煤。各种状态的煤在自然界中分布广泛。煤中含碳达99%。随着火的发现，人们就发现了木炭、骨炭和炭黑。

硫在自然界也存在大量单质，每次火山爆发时会把地下大量硫带到地面，许多涌出的矿泉水也会把地下硫带到水中。单质硫和多种含硫的金属矿石在燃烧和焙烧过程中形成强烈的刺激性臭味，引起人们的注意，因此碳和硫是人们最早认识的非金属元素。

砷在地壳中的含量不大，不过它的硫化物雄黄 As_4S_4、雌黄 As_2S_3 以及砒石（砒霜）As_2O_3 或以它们的色泽或以它们的毒性而被人们知晓和利用。4世纪我国炼丹家、古医药学家葛洪（约281—341）首先加热猪脂肪成炭后还原三氧化二砷获得单质砷。

氧气是空气的主要组成成分，地壳中存在有各种各样含氧化合物，使氧成为所有元素在地壳中含量最大的。4世纪埃及炼金术士苏西摩斯首先加热氧化汞获得氧气，8世纪中国人加热硝酸钾获得氧气。

白磷是在1669年德国亨尼格·布兰德首先制得的。有人说他是一位炼金术士，有人说他是一位破产商人，还有人说他是一个江湖医生，可能他身兼三职。他是在蒸发人尿过程中获得的。人尿中含有磷酸钙等磷酸盐，

雄　黄

是含磷的蛋白质、磷脂类等物质在肾脏与其他器官内经磷酸酶的催化作用而生成，最后随尿液排出。尿中含碳有机化合物在强热下形成炭，或者是添加到尿里的炭与磷酸钙一起受强热，会产生磷。

金、银和铜在自然界中均有单质状态存在，特别是金，在一些河流的沙床上和沙子混合在一起，在一些岩石中和岩石掺杂成块。由于它的惰性，使它无论在哪里都不受空气和水的作用，显现出它黄色的光辉，吸引着人们的注意。银在自然界虽有单质状态，但多数呈化合物状态，因此它被人们发现比金晚。金和银最早被人们用来制装饰品，后来被用做货币。

可以想像，人们在远古时代，发现天然铜时用石斧把它砍下来，用锤打的方法把它加工制成物件。于是铜器开始挤进石器的行列，并且逐渐取代石器，结束了人类历史上的石器时代。这是由于天然铜的产量毕竟是稀少的，只是随着生产的发展，人们找到从铜矿取得铜的方法，将黄铜矿 $CuFeS_2$、孔雀石 $CuCO_3 \cdot Cu(OH)_2$、石青 $2CuCO_3 \cdot Cu(OH)_2$ 投进火中焙烧后形成 CuO，再用木炭还原，就得到金属铜。

由于纯铜制成的物体太软，容易弯曲，并且很快就钝了，接着人们有意识或偶然地把锡掺到铜里制成铜锡合金——青铜。

锡的熔点比铜低。它在自然界中多以锡石的矿物形式存在，直接用碳还原锡石就可得到锡，因此锡的冶炼比铜的冶炼简易。这就使古代人们在从矿石中取得

黄铜矿

铜的差不多同一时期也从含锡矿石中取得锡。

铁在自然界中分布是很广泛的，但是人们发现铁和利用铁却比金、银、铜晚。这首先是天然单质的铁在地球上是找不到的，而且它容易生锈腐蚀，再加上它的熔点（1535℃）又比铜（1083℃）高得多，就使它比铜难以熔炼。

人们最早发现的铁是从天空落下的陨石。陨石中含铁的百分比很高，铁陨石中含铁 90. 85%。

1973 年在我国河北省藁城县台西村商代遗址出土一件铜钺，上面镶有铁刃。铁刃虽已全部锈蚀，但经过科学鉴定，证明铁刃是用陨铁锻成的，因为铁中没有人工冶炼的硅酸盐等夹杂，同时铁锈中含有镍和钴。这也说明古代人们已经认识到铁的坚韧性比铜高，把它镶在铜上，以提高铜的坚韧性。

正因为如此，促进了人们从含铁矿石中提炼铁，进一步炼成钢。我国是世界上发明生铁冶铸和生铁炼钢最早的国家。

由于生铁的生产，人类社会也由青铜时代进入铁器时代。

陨　石

铅在地壳中的含量不大，自然界中存在很少量天然铅，但是由于含铅矿物聚集，它的熔点很低(328℃)，容易从含铅矿石中获得，使它在远古时代就被人们取得和利用了。

汞的情况和铅相似，在自然界分布量很小，有少量天然汞存在，但把天然硫化汞 HgS 在空气中焙烧，就得到汞，再加上它的密度较大，具有强烈的金属光泽和特殊的流动状态，能够溶解多种金属而成合金，引人注意，使它和铅一样被远古时代人们发现。

锌和铜的合金——黄铜最早被我国古代人们利用。到我国明朝年代，一位地方上掌管教育的官员宋应星编著了一本记述我国古代农业和手工业技术的书《天工开物》，在 1637 年刻本刊行。

书中详细叙述了用炉甘石（含碳酸锌矿石）和煤炭熬炼获得倭铅的方法，“倭铅”即“锌”，这一名称最早出现在署名飞霞子著的《宝藏记》(918) 中，可以说明我国在 918 年前已提炼出锌。

镍是我国古代劳动人民在冶炼金属技术中又一出色的贡献。它是炼制白铜——铜镍合金的成分。

锑和铋在自然界也有少量以单质状态存在。

含锑和铋的主要矿物都是硫化物，即辉锑矿 Sb_2S_3 和辉铋矿 Bi_2O_3。将这两种矿石在空气中焙烧后即获得氧化物，再经用碳还原而得到金属。但由于锑和铋质地柔软，熔点很低。所以古代中外人士都把它们误认为是锡和铅的变种。一直到 16 世纪时，德国冶金学家阿格里科拉才确认它们是独立金属。

辉锑矿

铂和它的同系元素钌、铑、钯、锇、铱与金一样，几乎完全呈单质状态存在于自然界中。铂和金在地壳中的丰度几乎相同，而它们的化学惰性也不相上下，但是人们发现并使用铂比金晚。这是由于含铂系金属矿产极度分散，它们的熔点又较高。铂的熔点是 1 772℃，金是 1 064℃。铂的极度分散，使人们不易发现它；熔点高使人们不易利用它。南美洲是铂的主要产地，从美国博物馆中展出的古代南美洲印第安人的铂制装饰品看，可以认为古南美洲人较早利用了铂。

近代时期的元素发现

1640 年英国资产阶级革命继尼德兰之后爆发，标志着人类社会近代史开始。资产阶级为了扩大市场，相互竞争，对提高社会生产力起了促进作用。农民和手工业者在长期辛勤劳动中积累了生产经验，改进了生产工具，推动着生产发展。这时天体望远镜、显微镜、温度计、湿度计、水银气压计等相继出现，为人们打开许多前所未见的自然奥秘，为人们进行科学实验研究提供了工具。

在生产实践需要的推动下，在新的实验工具出现的协助下，近代科学实验兴起。

就在近代化学诞生的初期，从化学实验中首先发现氢气、氮气和氯气，氧气也同时制得。金属锰、钼、钨和钴也同时发现，被后来人认为是化学元素。

随着化学科学实验的兴起，18 世纪后欧洲由于冶金、机械工业的发展，要求提供大量、多种矿石，分析化学逐渐发展成长起来，由干法到湿法，由定性到定量，多种金属和非金属从含有它们的矿石中被分析出来。它们是铀、钍、钛、钽、铌、钒、锆、铬、铍、锂、镉、铂系元素中的元素和稀土元素中的个别元素以及碲、硒等，使化学元素发现增多。

1800 年 3 月 20 日意大利物理学教授伏打将自己创造的电堆和电冕论说寄交英国伦敦皇家学会发表，因为当时伦敦皇家学会是国际间科学交流的中心。

电堆是用两种不同的金属，银和锌的小圆片相间重叠起来的，并用水浸透的厚纸片把各对圆片相互隔开，在头尾两圆片上连接导线。当这两条导线接触时立刻产生放电的火花。

伏打电堆模拟图

电冕是几个平底无脚玻璃杯，内装盐水，每一杯中放置一小片锌和一小片银，用导线联结起来。

电堆和电冕都是原始的电池，经化学家们组装和改造后用做化学实验的工具，使许多不易从化合物中分解出的元素一个一个被分解出来。它们是钾、钠、钙、锶、钡、硼、硅、铝和氟。

1860 年德国物理学家基尔霍夫创造出分光镜，将光分解成光谱，与化学家本生合作利用各种不同化学元素产生的光被分解成特征光谱，建立光谱分析。

光谱分析灵敏度比化学分析高，在地壳中含量稀少的化学元素在逃过分析化学家的手后被光谱分析捕获住了。它们是稀散金属铯、铷、铊和铟，大部分稀有气体（惰性气体）和稀土元素。

到19世纪60年代末，发现的化学元素已达60多种，占全部自然界存在元素的2/3，使自然分类化学元素的周期系得以发现了。

光　谱

光谱是复色光经过色散系统（如棱镜、光栅）分光后，被色散开的单色光按波长（或频率）大小而依次排列的图案，全称为光学频谱。光谱中最大的一部分可见光谱是电磁波谱中人眼可见的一部分，在这个波长范围内的电磁辐射被称做可见光。

英国皇家学会的诞生

英国皇家学会是英国最具名望的科学学术机构，其成员在尖端科学方面饶有贡献。该学会多方面支持不少英国的年轻顶尖科学家、工程师及科技人才。该学会对科学政策的制定起着一定作用，而且也就科学事务问题参与公众讨论。

皇家学会一开始是一个约12名科学家的小团体，当时称做无形学院。他们会在许多地方聚会，包括成员们的住所以及格雷沙姆学院。其中知名的成员有约翰·威尔金斯、乔纳森·戈达德、罗伯特·胡克、克里斯多佛·雷恩、威廉·配第和罗伯特·波义耳。

约1645年之时，他们曾聚在一起探讨弗兰西斯·培根在《新亚特兰蒂斯》中所提出的新科学。最初这个团体并没有立下任何规定，目的只是集合大家一起研究实验并交流讨论各自的发现。团体随着时间改变，在1638年由于旅行距离上的因素分裂成了两个社群：伦敦学会与牛津学会。因为许多学院人士住在牛津，牛津学会相比之下较为活跃。一度成立了“牛津哲学学会”，并订立了许多规则，如今这些规则记录仍保存在博德利图书馆。

伦敦学会依然于格雷沙姆学院聚会讨论。与会成员在这个时期也逐渐增加。在护国主克伦威尔时期的军事独裁下，1658年学会被迫解散。在查理二世复辟后，学会才继续于格雷沙姆学院重新运作。普遍认为，这个团体鼓舞了后来皇家学会的建立。

1660年查理二世复辟以后，伦敦重新成为英国科学活动的主要中心。此时，对科学感兴趣的人数大大增加，人们觉得应当在英国成立一个正式的科学机构。因此伦敦的科学家于公元1660年11月某日在格雷沙姆学院克里斯托弗·雷恩一次讲课后，召集了一个会，正式提出成立一个促进物理－数学实验知识的学院。约翰·威尔金斯被推选为主席，并起草了一个“被认为愿意并适合参加这个规划”的41人的名单。

不久，罗伯特·莫雷带来了国王的口谕，同意成立“学院”，莫雷就被推为这个集会的会长。两年后查理二世在许可证上盖了印，正式批准成立“以促进自然知识为宗旨的皇家学会”，布隆克尔勋爵当上皇家学会的第一任会长，第一任的两个学会秘书是约翰·威尔金斯和亨利·奥尔登伯格。

原子量的测定

随着元素种类的增多，什么是元素、物质结构如何等一系列问题摆在化学家面前。在解答这些问题的过程中，道尔顿起到了先驱作用。

道尔顿的贡献

19世纪初，英国化学家道尔顿把古代唯物主义自然哲学中的原子概念引入化学中，赋予原子一定重量，并开始测定当时已知一些元素的原子量。从此化学元素的概念和物质原子的概念联系起来，使每一种元素成为具有一定重量的同类原子。

道尔顿在测定原子量时，制定了物质组成的“最大简度规则”：如果有两物质A和B，它们按下列规则从最简单开始进行结合，就是：

道尔顿

"1 原子 A + 1 原子 B = 1 原子 C，二元的；

1 原子 A + 2 原子 B = 1 原子 D，三元的；

2 原子 A + 1 原子 B = 1 原子 E，三元的；

1 原子 A + 3 原子 B = 1 原子 F，四元的；

3 原子 A + 1 原子 B = 1 原子 G，四元的；等等。"

道尔顿又说：

1. 如果由两物质能获得一种化合物，在没有相反理由时，它是二元的；

2. 如果形成两物质，可以假定其中之一是二元的，另一种是三元的；等等。

道尔顿根据这个规则，确定水的"二元原子"是由一个氧原子和一个氢原子组成，也就是把水的分子式定为 HO。

道尔顿以氢的原子量等于 1 作为基准，按照法国化学家拉瓦锡对水的重量组成分析，氢占 15%，氧占 85%，进行计算：$15:85 = 1:x$，$x = 5.5$。这样就得出氧的原子量为 5.5。

后来，道尔顿又按照其他人对水的重量分析，根据计算，把氧的原子量改为 7。同样地，他确定氨的"二元原子"是由一个氮原子和一个氢原子组成，也就是把氨的分子式定为 NH，根据别人对氨的重量组成分析和计算，得出氮的原子量为 5。

就这样，道尔顿在 1808 年出版的《化学哲学新体系》一书中列出包括水、酒精等 37 种物质的原子图像和原子量，例如：

氢	氧	氮	碳	硫	磷	铁	银	水	酒精
1	7	5	5	13	9	38	100	8	16

当时道尔顿认为水、酒精也是由原子组成的，称为复合原子，没有分子概念，因此它们也有原子量。他认为酒精的"复合原子"是由三个碳原

子和一个氢原子组成，所以它的“原子量”是 $3\times5+1=16$。

道尔顿以武断的方式解决物质的组成，又完全采用别人的实验数据，是不可能获得正确原子量的。不过，他毕竟确定了原子具有重量的特征，并且开辟了测定原子量的道路，以最轻的元素氢等于1作为测定元素原子量的基准。

贝齐里乌斯的贡献

道尔顿的相对原子质量发表后，迅速引起当时欧洲各国化学家们的反应。他们不满意道尔顿对物质组成的武断规定，对道尔顿测定的各元素相对原子量的数值表示怀疑，但又都认识到测定原子量的重要性。

瑞典化学家贝齐里乌斯在他的著作中写道：“借助新的实验，我很快就相信道尔顿的数字缺乏为实际应用他的学说所必需的精确性。我明白了，首先应当以最大精确度测出尽可能多的元素的原子量……不这样，化学理论所望眼欲穿的光明白昼就不会紧跟着它的朝霞而出现。这是那时候化学研究最重要的任务，所以我完全献身于它。”

贝齐里乌斯认为“把原子量与氢原子量比较，不能提供任何优越性，而且看来还可能引起许多不便，因为氢是很轻的气体，在无机化合物中又很少见到，相反地，氧却包含着一切优点，而且可以说是整个化学所围绕的中心。它是一切有机体和大多数无机体的组成部分”。因此，他采用氧等于100作为测定其他各元素的基准。

贝齐里乌斯根据法国化学家盖·吕萨克在1808年由实验建立的气体反应体积简单比定律——在同温同压下参加反应的各气体的体积以及反应生成各气体的体积间互成简单整数比——假定在同体积的气体中含有相同数目的原子。他制定“一体积与一原子相当”的原则，确定物质的组成。由于二体积氢气和一体积氧气化合成二体积水蒸气，因此水是由二原子氢和一原子氧组成，得出水的分子式是 H_2O；由于三体积氢气和一体积氮气化合成二体积氨，因此氨是由三个原子氢和一个原子氮组成，得出氨的分子式是 NH_3。

于是，贝齐里乌斯先测出气体化合时的体积比，确定化合物中各元素的原子数，再用分析方法测定反应生成物的重量组成，计算出生成物中各元素的相对重量。他这样测定各元素的相对原子量有了一定的客观依据，比道尔顿前进了一步。

贝齐里乌斯在测定原子量中进行了物质的氧化、还原、分解、置换等反应，分析了多种化合物的组成，参考了热容规律和同晶型规律，从1814年发表他的第一张原子量表起，到1826年发表了49种元素的原子量表，如果以19世纪多数化学家们采用氧的原子量=16为基准折算，他的原子量数值多数已经接近现代的数值。

贝齐里乌斯1826年发表的元素原子量表

化学元素和符号	以氧=100为基准	以氧=16为基准
氧 O	100.000	16.000
氢 H	6.2398	0.998
碳 C	76.437	12.25
氮 N	88.518	14.16
硫 S	201.165	32.19
钙 Ca	256.019	40.96
铁 Fe	339.213	54.27
钾 K	489.916	78.39
钠 Na	290.897	46.54
银 Ag	1351.607	216.26
铝 Al	171.67	27.39
锑 Sb	806.152	129.03
砷 As	470.012	75.21
钡 Ba	856.88	137.10
铍 Be	331.479	53.04
铋 Bi	1330.370	212.86
硼 B	135.983	27.75
铈 Ce	574.718	91.95
镉 Cd	696.767	111.48
氯 Cl	221.325	35.41
铬 Cr	351.819	56.20
钴 Co	368.991	59.04
铜 Cu	395.695	63.31
氟 F	116.900	18.70

续表

化学元素和符号	以氧 = 100 为基准	以氧 = 16 为基准
金 Au	1243.018	198.88
碘 I	768.781	123.00
铅 Pb	1294.198	207.12
锂 Li	127.757	20.44
镁 Mg	158.353	25.34
锰 Mn	355.787	56.93
汞 Hg	1265.822	202.53
钼 Mo	598.525	95.76
镍 Ni	369.675	59.15
钯 Pd	714.618	191.34
磷 P	196.155	31.38
铂 Pt	1215.220	194.44
铑 Rh	750.680	120.11
硒 Se	494.582	79.13
硅 Si	277.478	44.40
锶 Sr	547.255	87.56
钽 Ta	1153.715	184.59
碲 Te	806.542	129.03
锡 Sn	735.294	117.65
钛 Ti	389.092	62.25
钨 W	1183.200	189.31
铀 U	2711.360	433.82
钇 Y	401.840	64.29
锌 Zn	403.226	64.52
锆 Zr	120.238	67.24

贝齐里乌斯还是首先把当时欧洲各国不同的化学元素名称统一用拉丁名称命名的人，并用拉丁名称的第一个字母或第一和第二个字母代表元素符号，代替了炼金术士和道尔顿用绘图代表元素的形式，奠定了现代的化

学元素符号和化学式的基础。

热容规律、同晶型规律与原子量

热容规律是1819年法国物理学家迪隆和珀蒂共同建立的。他们在测定各种金属的比热容时，发现大多数金属的比热容与它们原子量的乘积接近于一个常数。

所谓物质的比热容，是指1克物质升高1℃所需的热量（cal，1cal＝4.184 0J）。单质的比热容与原子量的乘积又称为原子的热容。若以氧的原子量为1作为基准，比热容与原子量的乘积大约等于0.38这个常数；若以氧＝16为基准，这一常数约等于6.4。于是，在测定一元素单质的比热容后，用这一常数来除，就得到这一元素的原子量。例如测得镁的比热容为0.248cal/（g·℃），计算出镁的原子量为6.4/0.248≈25.0。

根据这种计算，贝齐里乌斯在1818年测定的原子量数值中铅Pb、金Au、锡Sn、锌Zn、碲Te、铜Cu、镍Ni和铁Fe都改为原值的一半。银Ag的原子量折合为原值的1/4。钴Co的原子量减至原值的1/3。这些新值除碲和钴由于当时测得的比热容有错误，因而不正确外，其余都改得正确适当。

贝齐里乌斯在最初造成错误也是自然的。他对于不挥发性金属氧化物的组成在无法根据气体反应的体积成简单整数比规律时，他又不能完全摒除武断解决物质组成的方式，把低价氧化物的分子式定为RO，而用RO_2代表大多数金属氯化物，如Na_2O、K_2O、CaO等，使他在1826年发表的原子量表中钠Na、钾K的原子量误差达到100%。

同晶型规律也是在1819年由德国矿物学教授米切里希发现的。这个规律是：同数目的原子以相同的方式结合，得到相同的晶型。这种现象又称为同晶现象。例如KH_2PO_4和KH_4AsO_4以及$NiSO_4 \cdot 7H_2O$和$MgSO_4 \cdot 7H_2O$都具有同晶现象，具有同晶现象的各物质彼此互称为同晶体。

形式是一定内容的反映。米切里希正确地发现了晶体的形式和它的内部组成之间的关系。化学家们就利用这种关系推断一种盐的化学组成，用来测定元素的原子量。例如硫酸钾K_2SO_4和硒酸钾K_2SeO_4是同晶体，根据化学分析确定，两种化合物中各元素所占质量百分数如下：

	钾	氧	硫	硒	总质量
硫酸钾/%	44.83	36.78	18.39	—	100
硒酸钾/%	35.29	28.96	—	35.75	100

设定硒酸钾中钾和氧的百分含量和硫酸钾中相同，也分别是44.83%和36.78%，则硒的含量即为45.40%，硒酸钾中三元素的质量分数总和为127.01%。

这样，在100份重的硫酸钾和127.01份重的硒酸钾中含有的钾和氧的质量相等，原子个数相同。根据同晶型规律，硫的原子个数和硒的原子个数也应相同，因此得出：

硫的相对原子质量：硒的相对原子质量＝18.39：45.40

已知硫的相对原子质量为32，代入上式：

32：硒的相对原子质量＝18.39：45.40

硒的相对原子质量＝79.00

米切里希在1820—1822年间正在瑞典贝齐里乌斯的实验室里工作，他们二人就利用同晶型规律将铬、镁、钙等金属的原子量数值修订为原值的一半。

不过，热容规律和同晶型规律都有例外，各元素的比热容与原子量的乘积只是一个大约的常数，同时物质的比热容因温度不同而有显著变化。利用同晶型规律测定元素的原子量时必须先知道两晶体中所含的一个不同元素的原子量，有些物质在不同条件下可能有两种或多种形式的晶体，所有化学组成相同的物质并不一定具有相同的晶型，例如$NaNO_3$和KNO_3、NaCl和NaI等就不是同晶体。因此利用这两个规律测定元素的原子量也有局限性。

当量的使用

在这一段时期里，另一些化学家们采用不同的原子量基准，得出不同的原子量数值。例如1813年英国化学家汤马斯·汤姆森以氧气单位体积质量作为氧原子量等于1作为基准，得出其他元素的原子量均为氧原子量的整数倍数，如O＝1，S＝2，K＝5，As＝6，Cu＝8，W＝8，U＝12，Hg＝33等。

1815 年，又一位英国化学家普劳特根据测定多种气体物质的密度为氢气密度的整数倍数，得出各元素的原子量皆为氢原子量的整数倍数。以 H = 1，列出 O = 8，S = 16，C = 6，N = 14，Cl = 36，I = 125，Na = 24，K = 40，Ca = 21，Ag = 110，Hg = 200 等。

另一些人抛弃原子量，采用从实验测得的当量。

当量的概念早在 17 世纪末一些化学实验者们在进行定量实验时就发现，物质进行反应时彼此有一定质量的关系，到 1766 年，英国化学家卡文迪许发现中和同一质量的某种酸，不同的碱就需要不同的质量，将碱的这些不同质量称为当量。

后来化学家们采用氧的当量作为测定其他各元素当量的基准，即一元素与 8 份质量的氧相化合的质量称为这一元素的当量。这是因为氧比氢能与更多的元素化合，取 8 这个数值可以使其他元素当量的数值不小于 1。

由于一种元素与氧化合可以形成两种以上的化合物，因此元素可能出现不同的数值的当量。以氮为例，见表。

氮在不同化合物中的当量

化合物	质量组成		当量	
	氮	氧	氮	氧
一氧化二氮 N_2O	63.7	36.3	14	8
一氧化氮 NO	46.7	53.3	7	8
三氧化二氮 N_2O_3	36.9	63.1	$4\frac{2}{3}$	8
二氧化氮 NO_2	30.5	69.5	$3\frac{1}{2}$	8
五氧化二氮 N_2O_5	25.9	74.1	$2\frac{4}{5}$	8

分别用简单的整数乘氮在各个化合物中不同的当量，就得到氮的原子量：

$14 \times 1 = 14$

$7 \times 2 = 14$

$4\frac{2}{3} \times 3 = 14$

$3\frac{1}{2} \times 4 = 14$

$2\frac{4}{5} \times 5 = 14$

这就是说，元素的原子量是当量的整数倍数，即原子量或者等于当量，或者是当量的整倍数。

这个倍数，如 1、2、3、4、5 正是氮在 5 种化合物中不同的化合价，因这个倍数 n 就是元素在一化合物中的化合价，可以列出一个公式：

原子量 = 当量 × 化合价

发现化学元素周期律的俄罗斯化学家门捷列夫等人，在改正一些元素的原子量中就是利用这个公式的。其实道尔顿也是利用这个公式测定原子量的。他采用的水中氢和氧的质量比是 15∶85 = 1∶5.5。又武断地认为水的复合原子是由 1 个氢原子和 1 个氧原子组成，把氧的化合价定为 1，因而得出 1 × 5.5 = 5.5。如果按水中氢和氧的精确质量比 11.11∶88.89 = 1∶8，再知道水的分子是由 2 个氢原子和 1 个氧原子组成，氧的化合价是 2，就得出氧的原子量为 2 × 8 = 16 了。

贝齐里乌斯在测定原子量中对多种物质的组成进行了分析，确定了一些元素的当量，但由于没有能完全解决分子中各元素的数目问题，虽然测得了一些元素的原子量，但仍留下一些错误。

阿伏伽德罗的分子学说

试图利用当量代替原子量的人们也遭受了失败。问题在于建立化学分子式，必须先知道组成分子的元素原子量，这是一个矛盾。

其实，早在 1811 年，意大利物理学家、化学家阿伏伽德罗就在法国《物理、化学杂志》发表一篇论说《测定物质的基本分子相对质量和这些化合物中基本分子数目比例的方法的尝试》。这个题目用今天的话说就是“测定元素原子量和化合物分子式的尝试”。

阿伏伽德罗在这篇论说中提出组成物质最小粒子的分子说，以取代道尔顿提出的原子说。当时在欧洲 atom（原子）和 molecule（分子）的原义都是指微小粒子，但是前者具有不可分割的含义。

阿伏伽德罗还把分子分为综合分子、组成分子和基本分子。前两者相当于今天的化合物分子和单质分子，最后一个相当于今天的原子。

阿伏伽德罗

阿伏伽德罗根据盖·吕萨克提出气体物质反应时体积成简单比的实验事实进行合理推论，提出假说：“必须承认，气体物质的体积和组成这些气体的简单分子（单质分子）或化合物分子的数目之间也存在着很简单的关系。把它们联系起来，第一个，甚至是唯一可容许的假设是：①任何气体中综合分子的数目总是相等，或者和它们的体积总是成比例。这就是今天的阿伏伽德罗定律，即同温同压下，同体积的任何气体中都含有相同数目的分子。②任何简单气体的组成分子不是由单个基本分子组成，而是由一定数目的基本分子依靠吸引力结合而成。而且当一个物质的分子和另一个物质的分子形成一个化合物的分子时，由一个物质的组成分子分裂成 1/2、1/4……数目的基本分子和另一物质的组成分子分裂成 1/2、1/4……数目的基本分子相结合，形成综合分子，因此形成化合物的综合分子数目就变成双倍、四倍……，这是满足形成气体的体积所必然的”。这段话用今天的话说，就是分子由不止一个原子组成。用下列图式表示就十分明确了。

1体积氢气 + 1体积氯气 → 2体积氯化氢气

这里假定每个氢气和每个氯气的组成分子都是由 2 个基本分子组成，同体积中含有相同数目分子，它们在化合中分裂成 1/2，组成双倍数目的氯化氢的综合分子，具有 2 体积，完全符合实验事实。

可是如果按照道尔顿的原子论，在相同状况下，等体积各种不同气体中含有相同数目的原子，原子不能分割，就得出下图：

1体积氢气 + 1体积氯气 → 1体积氯化氢气

这样，只能生成 1 体积氯化氢气，是与实验结果不符合的；要生成 2 体积氯化氢气，氢气和氯气的原子数就不够了。

阿伏伽德罗用组成物质最小粒子可分割的分子代替了道尔顿提出的不可分割的原子，解决了原子说与气体反应体积简单比定律之间的矛盾，把物质组成的理论向前推进了一大步，而且为测定原子量和确定分子组成提供了一条有效途径。

阿伏伽德罗在论说中就讲道："很明显，根据这个假说，我们有了一种很容易测定形成气态物质分子的相对质量和化合物中这些分子（原子）的相对数目的方法。因为在相同温度和压力下不同气体分子的质量比和它们的密度比相同。化合物中分子（原子）的相对数目可以由形成这个化合物的体积比得出。例如以空气的密度作为单位，氧气和氢气两气体的密度就是 1.103 59 和 0.073 21，因此这两个数值的比就表示这两种气体等体积的质量比，也就是根据我们的假说，是两气体分子的质量比。这样，氧气的分子质量大约是氢气分子质量的 15 倍，或者更精确地说，是 15.074∶1。按同样方法，氮气的分子质量对氢气的分子质量比是 0.969 13∶0.073 21，也就是 13 倍，或者更确切地说，是 13.238∶1。"

阿伏伽德罗是没有原子概念的，他说的分子在一些情况下是今天的原子，因此他测出氧、氮、氢的分子质量 15.074、13.238 和 1 就是氧、氮、氢的原子量，是以氢的原子量等于 1 作为基准的。

阿伏伽德罗测定气态物质分子量的原理可以用下列式子表示：

$$\frac{V\text{升中 A 气体质量}}{V\text{升中 B 气体质量}}=\frac{n\text{ 个 A 气体分子质量}}{n\text{ 个 B 气体分子质量}}$$

$$=\frac{1\text{ 个 A 气体分子质量}}{1\text{ 个 B 气体分子质量}}=\frac{\text{A 的分子量}}{\text{B 的分子量}}$$

1826 年，当时 26 岁的法国化学家杜马首先利用这个原理，设计了一套实验装置，测定了一些可挥发的液体、甚至是固体物质的蒸气密度，得出它们的分子量，从而计算出一些元素的原子量，如汞 = 100.8，硫 = 94.4，溴 = 79.8，磷 = 68.51 等。

阿伏伽德罗在确立化合物中分子（原子）的相对数目方法是和贝齐里乌斯一样的。他说："另一方面，我们知道，氢气和氧气在形成水时体积比是2∶1，因此水是由一个氧分子（原子）和两个氢分子（原子）结合而成的。同样地，关于氨、氧化亚氮、一氧化氮和硝酸，根据盖·吕萨克先生确立的体积比例，氨是由一个分子氮和三个分子氢结合而成的；氧化亚氮是由一个分子氧和两个分子氮结合而成的；一氧化氮是由一个分子氧和一个分子氮结合而成的；硝酸（指二氧化氮）是由一个分子氮和两个分子氧结合而成的。”

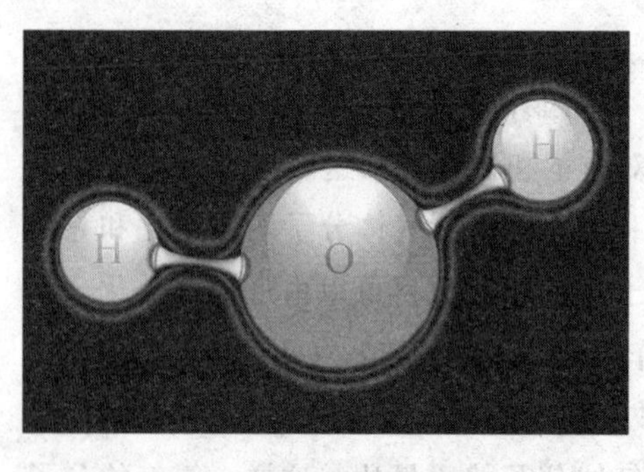

水分子结构模型

可是，贝齐里乌斯站在道尔顿一边，反对阿伏伽德罗的分子说，使分子说遭受到冷落。

在此后大约半个世纪的时间里，欧洲的化学家们感受到原子、分子、当量、原子量等概念的不明确，造成化学中许多混乱，1860 年 9 月 3—6 日，由德国化学家凯库勒等人建议在卡尔斯鲁厄召开一次国际化学家们的会议，也是世界第一次国际化学会议，针对这些问题进行商讨。到会 100 多人，多数来自欧洲，个别来自北美。

在会议上，阿伏伽德罗的同国化学家康尼查罗发言，引用阿伏伽德罗的理论，论证原子—分子学说，并散发他论证的著述《化学哲学教程提要》一本小册子。在测定原子量方面，以氢的原子量等于 1 为基准，得出 O = 16，Li = 7，Cl = 35. 5，F = 19，B = 11，C = 12，N = 14，Na = 23，Mg = 24，Al = 27 等，引起到会化学家们的重视。

1867 年英国化学家、曼彻斯特大学教授罗斯科在康尼查罗论述的基础上做出原子和分子的定义：“分子是原子的集合体，是化学物质——无论是单质还是化合物——能够分开的，或者说能够独立存在的最小部分；正是物质的这个最小量能够进入任何反应或者由反应而产生出来；原子是存在于化合物中的元素的最小部分，它是被化学力不能再分的最小量。”

在这里可以看出，康尼查罗所定义的原子是“量”，而不是物质的微小粒子。

参加这次会议的、发现化学元素周期律的德国化学家迈耶后来回忆写道：“等到回家后，我又阅读了几遍，这本篇幅不大的论文对于大家争执中最重要的各点照耀得如此清楚，使我感到惊奇，眼前的翳障好像剥落下来，好些疑团烟消云散了，而十分肯定的感觉代替了它们，如果我能够把争论中的各点弄得一清二楚并使激动的情绪冷静下来，我应归功于康尼查罗的小册子，代表大会的其他很多成员也会有同样感觉。于是辩论的热潮消退了，昔日贝齐里乌斯的原子量又流行起来，阿伏伽德罗定律和迪隆—珀蒂定律之间表面上的矛盾一经康尼查罗解释清楚后，两者都能普遍应用，奠定化学元素基本量的原理就被建立在坚固的基础上。没有这个基础，原子结合的理论绝不可能发展起来。”

发现化学元素周期律的另一位俄罗斯化学家门捷列夫也写下一段回忆：“我的周期律的决定性时刻在 1860 年，我参加了卡尔斯鲁厄大会，在会上聆听了意大利化学家康尼查罗的演讲，正是他发现的原子量给我的工作以必要的参考材料……而正是在当时，一种元素的性质随原子量递增而呈现周期性变化的基本思想冲击了我。”

化学元素周期律的发现者们正是依靠化学元素原子量早期的测定而发现的。后来原子量的测定经比利时化学家斯塔斯和美国化学家里查兹利用化学分析方法再次精确测定，再后来测定的基准由 O = 16 改为 C = 12，测定方法改用质谱仪，解释并消除了化学元素周期律发现者们在发现周期律中存在的疑虑，巩固了化学元素周期系。

质谱仪

质谱仪又称质谱计，是分离和检测不同同位素的仪器。即根据带电粒子在电磁场中能够偏转的原理，按物质原子、分子或分子碎片的质量差异进行分离和检测物质组成的一类仪器。

仪器的主要装置放在真空中。将物质气化、电离成离子束，经电压加速和聚焦，然后通过磁场电场区，不同质量的离子受到磁场电场的偏转不同，聚焦在不同的位置，从而获得不同同位素的质量谱。

阿伏伽德罗：从律师到科学家

阿伏伽德罗出生在一个世代相袭的律师家庭。按照他父亲的愿望，他攻读法律，16 岁时获得了法学学上学位，20 岁时又获得宗教法博士学位。此后当了 3 年律师。喋喋不休的争吵和尔虞我诈的斗争使他对律师生活感到厌倦。1800 年他开始研究数学、物理、化学和哲学，并发现这才是他的兴趣所在。1799 年意大利物理学家伏打发明了伏打电堆，使阿伏伽德罗把兴趣集中于窥视电的本性。1803 年他和他兄弟费里斯联名向都灵科学院提交了一篇关于电的论文，受到了好评，第二年就被选为都灵科学院的通讯院士。这一荣誉使他下决心全力投入科学研究。1806 年，阿伏伽德罗被聘为都灵科学院附属学院的教师，开始了他一边教学、一边研究的新生活。

由于阿伏伽德罗的才识，1809 年他被聘为维切利皇家学院的数学物理教授，并一度担任过院长。在这里他度过了卓有成绩的10 年。分子假说就是在这里研究和提出的。1819 年，阿伏伽德罗成为都灵科学院的正式院士，不久担任了都灵大学第一个数学物理讲座的第一任教授。1850 年，阿伏伽德罗从这一教职上退休。

自从 1821 年他发表的第三篇关于分子假说的论文仍然没有被重视和采纳后，他开始把主要精力转回到物理学方面。阿伏伽德罗发表了很多著作，重要的著作是四大卷的《可度量物体物理学》。从历史观点来说，这是关于分子物理学最早的一部著作。

这些著作和论文是阿伏伽德罗辛勤劳动的结晶。从一个律师成为一个科学家，他是作了很大的努力的。他精通法语、英语和德语，拉丁语和希腊语的造诣也很高。他那渊博的知识来源于勤奋的学习。他博览群书，所做的摘录多达 75 卷，每卷至少 700 页。最后一卷是 1854 年编成的，是他逝世前两年的学习记录，可谓活到老学到老。

化学元素组的出现

新元素的不断发现和元素数量的日益增多，给化学家们以极大的鼓舞。可是当他们分散地研究了每一种元素的性质，又想进一步集中起来研究它们之间是否具有相互联系的时候，无不感到纷纭复杂，摸不着头脑，好像闯入了元素丛林的榛莽之中。

有的元素是固体，有的元素是气体，还有的元素是液体；有的元素有色、有味，有的元素无色、无味；有的有磁性，有的无磁性；有的在空气中用火才可以点着，有的即便是放在冷水中也可以燃烧；在同样体积的固体元素中，有的比白水还轻，有的比黄金还重；有的放在开水中就可以熔化，有的放在取暖的火炉中烧上几天几夜依然无动于衷；有的很合群，极易与其他元素组成化合物，有的却性格孤僻，总喜欢天马行空似的游离于自然界中……这些性质迥异的元素彼此之间能有内在联系吗？

许多化学家都不满意元素之间这种漫无秩序的混乱状态，于是纷纷尝试着为元素做些排队或分类的工作，以便对化学做进一步的研究，也可供学生们将来能够对化学知识进行系统的学习。

在科学界对单质和化合物还不十分清楚的1789年，拉瓦锡首开对元素分类的先河。当时全世界共发现了29种元素（包括当年发现的铀、锆、铍），他却认为已有33种元素，并将之分为以下4类。

1. 气态简单物质——光、热、氧气、氮气、氢气。

2. 能氧化成酸的简单非金属物质——硫、磷、碳、盐酸基、氢氟酸基、硼酸基。

3. 能氧化成碱的简单金属物质——锑、砷、银、铋、钴、铜、锡、铁、锰、汞、钼、镍、金、铂、铅、钨、锌。

4. 能成盐的简单土质——石灰、苦土、重土、矾土、硅土。

由于当时科学技术水平的限制，他不仅把一些非单质列为元素，而且还把物质在燃烧过程中产生的能量——光和热这两种物理现象也视之为元素。

尽管当时拉瓦锡抓住了一些元素化学性质的相似性，而且又最善于使

拉瓦锡塑像

用天平称量物质，但他对多种元素各有多少质量数还一无所知。

在道尔顿提出了元素的原子量以后，在以不同标准和各种形式测定多种元素原子量的热潮中，不少化学家开始把元素的原子量与它们的化学性质联系起来。

最早探索元素性质与原子量关系的是德国耶拿大学化学副教授德贝莱纳。1829 年他在德国《物理学年鉴》上发表《按元素性质类似排列成组的尝试》一文说：

“贝齐里乌斯测定溴和碘的原子量引起我很大兴趣。我在以前的演讲中曾表明溴的原子量可能是氯和碘原子量之和的平均值：

$$\frac{35.470\ (\text{Cl})\ +126.470\ (\text{I})}{2}=80.470\ (\text{Br})$$

这个数字与贝齐里乌斯测定的 78.383 相差不大。这个差值在重复精确测定这个成盐元素的原子量后可望完全消失。我在 12 年前曾试图将性质类似的元素组合成组，那时我就发现锶的原子量是钙和钡的原子量之和的平均值：

$$\frac{356.019\ (\text{Ca})\ +956.880\ (\text{Ba})}{2}=656.449\ (\text{Sr})$$

按照这种情况，在碱金属组锂、钠、钾中，钠居中，我们采取格美林测定的锂的原子量是 195.310，钾是 589.916，钠的原子量就等于：

$$\frac{195.310\ (\text{Li})\ +589.916\ (\text{K})}{2}=392.613\ (\text{Na})$$

这个数值很接近贝齐里乌斯测定钠的原子量 390.897。

硫、硒、碲属于一组，因为硒的原子量精确等于硫和碲原子量之和的平均值：

$$\frac{32.239\ (\text{S})\ +129.243\ (\text{Te})}{2}=80.741\ (\text{Se})$$”

德贝莱纳将性质类似的三种元素组合成一个三元素组，发现每组中间元素的原子量数值是两端元素原子量数值之和的平均值。

德贝莱纳除列出上列三元素组外，还列出铁、锰、钴，镍、铜、锌等三元素组。他认为氮的原子量虽然精确等于碳和氧的原子量之和的平均值，但它们性质彼此不类似，不能组成一个三元组。他将氢、氧、氮、碳等列为孤立元素。

德贝莱纳采用的原子量数值除个别提到引用他人的外，没有说明是自己测定的还是采用他人的。

贝齐里乌斯在 1845 年编著出版的《化学教程》一书中对此做出评论说，经常可以在元素之间找到明显的数字关系，但是当以后原子量修正时，这种关系就会改变，因而由此做出的理论假说是靠不住的。

可是，德国海德堡大学化学和医药学教授格美林却不认为德贝莱纳提出的三元素组中元素性质与原子量之间的关系是偶然的。他在 1827 年编著出版的《化学教程》一书中不仅讲述了德贝莱纳早在 1817 年提出的两组三元素组钙、锶、钡和锂、钠、钾，还把镁与钙、钡组合成一个三元素组，得出：钙的原子量是镁和钡的原子量之和的平均值的一半。

$$Ca = \frac{Mg + Ba}{4} = \frac{12 + 68.6}{4} = 20.15$$

他还提出性质类似的一组不限于三元素，它们的原子量可能相等，可能彼此相互成一定比例，也可能成一定整数的倍数。他列出下列一些式子：

Al（铝）: Be（铍）: Y（钇）: Ce（铈） $=1:2:3\frac{1}{2}:5$

Mo（钼） = Pt（铂） = W（钨） = 96

Ta（钽） = 184 （≈2×96）

Cr（铬）、Mn（锰）、Co（钴）、Fe（铁）、Ni（镍） = 28 ~ 29

Cd（镉） = Pd（钯） = 56 （2×28）

U（铀） = 217 （≈8×28）

Ti（钛）、Te（碲）、Zn（锌）、Cu（铜） = 31 ~ 32

Sb（锑）、Au（金）: 64 ~ 66 （≈2×32）

……

到 1843 年，格美林在他的第 4 版《化学教程》中又修订和增补了一些例子：

原子量接近相等的一组：

Cr（铬）28.1　Mn（锰）27.6　Fe（铁）27.2　Co（钴）29.6　Ni（镍）29.6　Zn（锌）32.2　Cu（铜）31.8　Pt（铂）98.7　Ir（铱）98.7 Os（锇）99.6

原子量成比例的一组：

O（氧）:S（硫）:Se（硒）:Te（碲）:Sb（锑）=1:2:5:8:16

F（氟）:Cl（氯）:Br（溴）:I（碘）=2:4:9:14

Mg（镁）:Ca（钙）:Sr（锶）:Ba（钡）=3:5:11:17

Si（硅）:Zr（锆）:Th（钍）≈2:3:8

Cr（铬）:V（钒）≈2:5

Mn（锰）:U（铀）≈1:8

1850年，德国慕尼黑大学医药化学教授佩滕科弗尔在《慕尼黑科学院报告》中发表论说，指出一些性质相似元素的原子量之间相差8或8的倍数：

Li（锂）　7
Na（钠）　23（7+2×8）
K（钾）　39（23+2×8）

Mg（镁）　12
Ca（钙）　20（12+8）
Sr（锶）　44（20+3×8）
Ba（钡）　68（44+3×8）

O（氧）　8
S（硫）　16（8+8）
Se（硒）　40（16+3×8）
Te（碲）　64（40+3×8）

C（碳）　6
N（氮）　14（6+8）

Hg（汞）　100
Ag（银）　108（100+8）

……

接着，1851年，法国巴黎大学化学教授、化学家杜马在英国伊普斯威奇英国科学促进协会上的报告中从三元素组讲到在一些性质相似的元素组中的原子量存在一定算术计算的关系：

F（氟）=19=19
Cl（氯）=19+16.5=35.5
Br（溴）=19+（2×16.5）+28=80
I（碘）19+（2×16.5）+（2×28）+19=127

O（氧）=8=8
S（硫）=8+8=16
Se（硒）=8+（4×8）=40
Te（碲）=8+（7×8）=64

N（氮）=14=14
P（磷）=14+17=31
As（砷）=14+17+44=75
Sb（锑）=14+17+（2×44）=119
Bi（铋）=14+17+（4×44）=207

Mg（镁）=12=12
Ca（钙）=12+8=20
Sr（锶）=12+（4×8）=44
Ba（钡）=12+（7×8）=68
Pb（铅）=24+（10×8）=104

1853年，英国伦敦圣托马斯医院化学讲师格拉德斯顿在英国《哲学杂志》上发表《关于性质相似元素原子量之间的关系》，指出这种关系有三类：

第一类具有几乎相等的原子量：

Cr（铬）	Mn（锰）	Fe（铁）	Co（钴）	Ni（镍）	
26.7	27.6	28	29.5	29.6	
Pd（钯）	Rh（铑）	Ru（钌）	Pt（铂）	Ir（铱）	Os（锇）
53.3	52.2	52.2	98.7	99	99.6

第二类彼此成一定倍数：

Ti（钛）=25 2×11.5=23

Mo（钼）=46 4×11.5=46

Sn（锡） =58 5×11.5=58

Y（钇） =68.6 6× 11.5=69

W（钨） =92 8×11.5=92

Ta（钽） =184 16×11.5=184

第三类三元素组中中间元素的原子量是两端元素原子量之和的平均值：

Li（锂）	Na（钠）	K（钾）	Ca（钙）	Sr（锶）	Ba（钡）
65	23	39.5	20	43.9	68.5
Cl（氯）	Br（溴）	I（碘）	S（硫）	Se（硒）	Te（碲）
35.5	80	127	16	39.5	64.2

1854年，美国哈佛大学化学教授小库克向波士顿美国艺术和科学院提交一篇论文，题目是《化学元素原子量之间数的关系具有元素分类的意见》。他将当时已发现的性质相似元素分成6组。各组元素原子量具有一定计算式 $a+nb$，$a=1$、2、4、6 或 8…，$b=9$、8、6、5、4 或 3，排列成各组：

① 组（原子量计算式 $8+n9$）

	O（氧）	F（氟）	Cl（氯）	Br（溴）	I（碘）
测定值	8	18.8	35.5	80	126.9
计算值	8	17	35	80	125
$n=$	0	1	3	8	13

	Cr（铬）	Mn（锰）	Os（锇）	Au（金）
测定值	53.4	55.2	99.4	197
计算值	53	53	98	197
$n=$	5	5	10	21

②组（a）（原子量计算式 $8+n8$）

	O（氧）	S（硫）	Se（硒）	Te（碲）
测定值	8	16	39.6	64.1
计算值	8	16	40	64
$n=$	0	1	4	7

②组（b）（原子量计算式 $4+n8$）

	Mo（钼）	V（钒）	W（钨）	Ta（钽）
测定值	46	68.5	92	184
计算值	44	68	92	188
$n=$	5	8	11	23

③组（原子量计算式 $8+n6$）

	O（氧）	S（硫）	P（磷）	As（砷）	Sb（锑）	Bi（铋）
测定值	8	14	31	75	129	208
计算值	8	14	32	74	128	206
$n=$	0	1	4	11	20	33

④组（原子量计算式 $6+n5$）

	C（碳）	B（硼）	Si（硅）
测定值	6	10.9	21.3
计算值	6	11	21
$n=$	0	1	3

⑤组（a）（原子量计算式 $4+n4$）

	Be（铍）	Mg（镁）	Ca（钙）	Mn（锰）	Fe（铁）	Cu（铜）
测定值	4.7	12	20.1	27.6	28	31.6
计算值	4	12	20	28	28	32
$n=$	0	2	4	6	6	7

	Zn（锌）	Sr（锶）	La（镧）	Ce（铈）	Rh（铑）	Ru（钌）
测定值	32.5	43.8	47	47.3	52.1	52.1
计算值	32	44	48	48	52	52
n =	7	10	11	11	12	12

	Cd（镉）	Th（钍）	U（铀）	Ba（钡）	Hg（汞）	Pb（铅）	Ag（银）
测定值	56	59.6	60	68.5	100	103.7	108.1
计算值	56	60	60	68	100	104	108
n =	13	14	14	16	24	25	26

⑤组（b）（原子量计算式 $2+n4$）

	Al（铝）	Ti（钛）	Cr（铬）	Co（钴）	Ni（镍）	Zr（锆）
测定值	13.7	25.2	26.7	29.5	29.5	33.6
计算值	14	26	26	30	30	34
n =	3	6	6	7	7	8

	Pd（钯）	Sn（锡）	Ir（铱）	Os（锇）	Pt（铂）	Au（金）
测定值	53.3	58	98.5	98.4	98.5	197
计算值	54	58	98	98	98	198
n =	13	14	24	24	24	49

⑥组（原子量计算式 $1+n3$）

	H（氢）	Li（锂）	Na（钠）	K（钾）
测定值	1	13	46	78.4
计算值	1	13	46	79
n =	0	4	15	26

1857 年，德国威斯巴登农业学院一位 20 岁的年轻助教伦森排列出一张包括 20 组三元组的元素表：

	计算的原子量	测定的相对原子质量		
$\frac{\text{K（钾）}+\text{Li（锂）}}{2}$ = Na（钠）	= 23.03	39.11	23.00	6.95
$\frac{\text{Ba（钾）}+\text{Ca（锂）}}{2}$ = Sr（锶）	= 44.29	68.59	43.67	20
$\frac{\text{Mg（镁）}+\text{Cd（镉）}}{2}$ Zn（锌）	= 33.8	12	32.5	55.7
$\frac{\text{Mn（锰）}+\text{Co（钴）}}{2}$ = Fe（铁）	= 28.5	27.5	28	29.5
$\frac{\text{La（镧）}+\text{Di（锂）}}{2}$ = Ce（铈）	= 48.4	47.3	47	49.6
Y（钇） Er（铒） Tb（铽）		32.2	?	?
Th（钍） norium Al（铝）		59.5	?	13.7
$\frac{\text{Be（铍）}+\text{Ur（锂）}}{2}$ = Zr（锆）	= 33.5	7	33.6	60
$\frac{\text{Cr（铬）}+\text{Cu（铜）}}{2}$ = Ni（镍）	= 29.3	26.8	29.6	31.7
$\frac{\text{Ag（银）}+\text{Hg（汞）}}{2}$ = Pb（铅）	= 104	108	103.6	100
$\frac{\text{O（氧）}+\text{C（碳）}}{2}$ = N（氮）	= 7	8	7	6
$\frac{\text{Si（硅）}+\text{F（氟）}}{2}$ = B（硼）	= 12.2	15	11	9.5
$\frac{\text{Cl（钾）}+\text{I（碘）}}{2}$ = Br（溴）	= 40.6	17.7	40	63.5
$\frac{\text{S（硫）}+\text{Te（碲）}}{2}$ = Se（硒）	= 40.1	16	39.7	64.2
$\frac{\text{P（磷）}+\text{Sb（锑）}}{2}$ = As（砷）	= 38	16	37.5	60
$\frac{\text{Ta（钽）}+\text{Ti（钛）}}{2}$ = Sn（锡）	= 58.7	92.3	59	25
$\frac{\text{W（钨）}+\text{Mo（钼）}}{2}$ = V（钒）	= 69	92	68.5	46
$\frac{\text{Pd（钯）}+\text{Rh（铑）}}{2}$ = Ru（钌）	= 52.2	53.2	52.1	51.2
$\frac{\text{Os（锇）}+\text{Ir（铱）}}{2}$ = Pt（铂）	= 98.9	99.4	99	98.5
$\frac{\text{Bi（铋）}+\text{Au（金）}}{2}$ = Hg（汞）	= 101.2	104	100	98.4

以上这些就是探索元素性质与原子量关系初期的情况，各人采用各不相同的原子量数值，有些性质不相似的元素也并入同一元素组中，有些同一元素出现在不同性质相似的元素组中，各人展示出探索元素性质与原子量关系的各自的意见，得出多种性质相似的化学元素组。

德国有机化学家施特雷克尔在1859年其编著出版的《元素原子量测定的理论和实验》一书中评论说："认为这种化学性质相似元素原子量间的一切关系都是由于偶然的一定不是合理的，这些数字中间隐藏着的意义需要留待未来解释。"

门捷列夫在他编著出版的《化学原理》一书中也承认杜马、格拉德斯顿、佩滕科弗尔、伦森等人的工作对他是有帮助的。

有机化学

有机化学又称为碳化合物的化学，是研究有机化合物的结构、性质、制备的学科，是化学中极重要的一个分支。含碳化合物被称为有机化合物是因为以往的化学家们认为含碳物质一定要由生物（有机体）才能制造；然而在1828年的时候，德国化学家弗里德里希·维勒，在实验室中成功合成尿素（一种生物分子），自此以后有机化学便脱离传统所定义的范围，扩大为含碳物质的化学。

"近代化学之父"：拉瓦锡

拉瓦锡，1743年8月26日生于巴黎一个高级律师之家，自幼聪慧勤勉，博学多识，11岁就读于著名的马沙兰贵族学校，曾系统学习过天文学、数学、化学、植物学、矿物学、地质学等。

1764年，法政大学毕业的拉瓦锡放弃律师职业，投入到了他所酷爱的化学研究。1768年，年仅25岁的拉瓦锡以惊人的才华成为皇家科学院的院士，从此赢来了他的科学之春。

拉瓦锡创建了燃烧氧化学说，推翻了世人仰奉百年之久的"燃素说"；他建立了质量守恒定律，使化学反应中量的关系严密化、科学化；他首次给化合物以合理的命名，使这一领域从此有了科学的遵循；他建立了科学的元素观，加深了人们对物质结构的认识；他对33种元素进行了早期分类，初步打开了物质世界的秩序大门……他的著作《化学纲要》与牛顿的《自然哲学的数学原理》齐名，被称为科学的奠基性著作……

惊人的成就使他毫无疑问地成为现代化学理论的奠基人，杰出的开创使他理所当然地被尊为"近代化学之父"。他的研究被看做是化学界的一场革命，他也自豪地说："我的理论已经像革命风暴，扫向世界的知识阶层"。

坎古杜瓦与螺旋式元素图

1862年，在全世界共发现了62种元素的时候，法国矿物学家坎古杜瓦指出，各元素组之间以及它们与非元素组成员之间并非毫不相干，应该摒弃那种东鳞西爪的探索方式，可以用原子量把所有的已知元素按从小到大的顺序串联起来，再从中探索它们之间有没有相关性。

这样做之后，坎古杜瓦惊喜地发现：元素的不同性质，原来是原子量变化的结果，并向巴黎科学院提交了三篇论文，明确提出了"元素的性质就是数的变化"的论点，而且进一步指出："元素性质的变化，具有一定的周期性"。

为了比较形象地说明白已得出的结论，坎古杜瓦以氧的原子量等于16为标准，确定了47种元素的原子量。

然后，坎古杜瓦将一个圆柱体从底部到顶部，按顺时针方向等距离地画上16条纵线；并从0~16依次为之标明相应的序号（实际上0和16是同一条纵线），再以0线的下端为基点，引出一条以45°角绕柱上行的螺旋线；它每穿过一条纵线，都标上一个累计递升1的数字。共旋转了8周合计128个交叉点，都标上了1~128相应的数字。接着再将47种元素，按原子量从小到大的顺序一一标记在与各自的原子量数字相同的交叉点左下方，并在该交叉点上画一个黑点。这样，就使他收入的当今主族中的多数成员，凡是落在同一条纵线上者，都是一些性质相似的元素。

比如锂、钠、钾、铷和氧、硫、硒，它们就是性质相似的四元素组和三元素组。另外，铍和镁、硼和铝、碳和硅、氟和氯四对元素，至少也是别的三元素组或四元素组的一半成员。

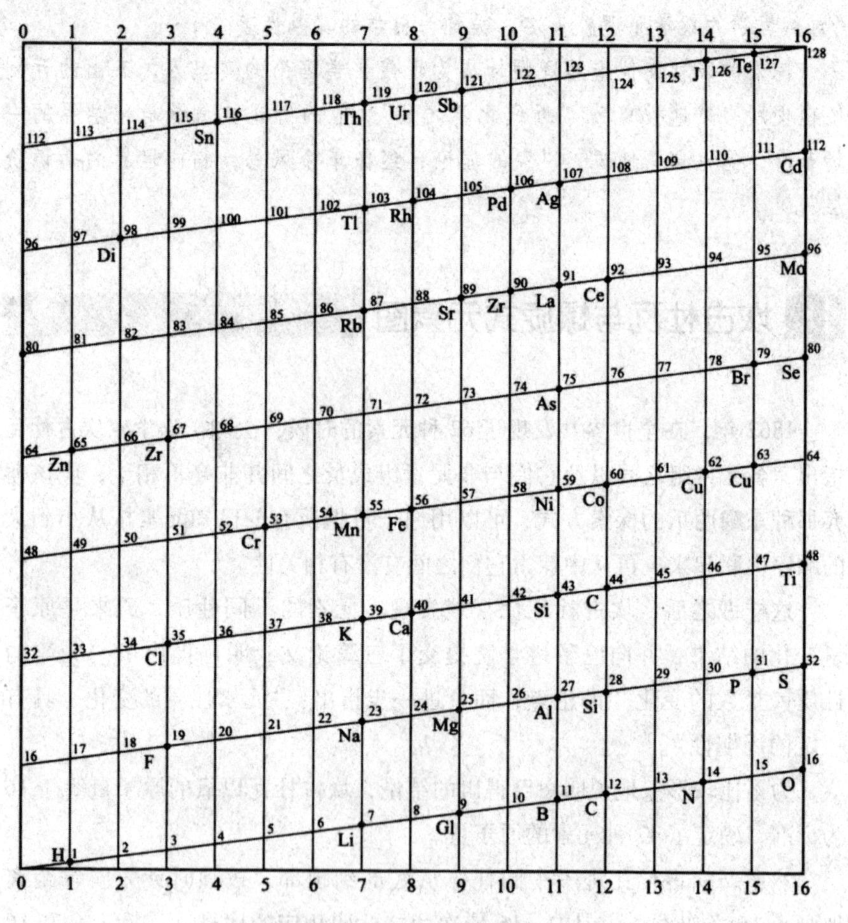

坎古杜瓦的圆柱螺旋式元素图的展开形式

为了便于识别，我们又附加了一张带有中文元素名称的简化展开表。

坎古杜瓦的圆柱螺旋式元素图的简化展开表

0	1	2	3	4	5	6	7	8	9	10	11	12	13	14	15	16
				锡$^{Sn}_{116}$			钍$^{Th}_{119}$	铀$^{ur}_{120}$	锑$^{Sb}_{121}$					碘$^{J}_{126}$	碲$^{Te}_{127}$	
		镨$^{Di}_{98}$					铊$^{Tl}_{103}$	铑$^{Rh}_{104}$		钯$^{Pb}_{106}$	银$^{Ag}_{107}$					镉$^{Cd}_{112}$
溴$^{Br}_{80}$							铷$^{Rb}_{87}$		锶$^{Sr}_{89}$	锆$^{Zr}_{90}$	镧$^{La}_{91}$	铈$^{Ce}_{92}$				钼$^{Mo}_{96}$
	锌$^{Zn}_{65}$		锆$^{Zr}_{67}$								砷$^{As}_{75}$				溴$^{Br}_{79}$	硒$^{Se}_{80}$
					铬$^{Cr}_{53}$		锰$^{Mn}_{55}$	铁$^{Fe}_{56}$			镍$^{Ni}_{59}$	钴$^{Co}_{60}$		钇$^{Y}_{62}$	铜$^{Cu}_{63}$	
			氯$^{Cl}_{35}$				钾$^{K}_{39}$	钙$^{Ca}_{40}$			硅$^{Si}_{43}$	碳$^{C}_{44}$				钛$^{Ti}_{48}$
			氟$^{Fl}_{19}$				钠$^{Na}_{23}$		镁$^{Mg}_{25}$		铝$^{Al}_{27}$	硅$^{Si}_{28}$			磷$^{P}_{31}$	硫$^{S}_{32}$
	氢$^{H}_{1}$						锂$^{Li}_{7}$		铍$^{Gl}_{9}$		硼$^{B}_{11}$	碳$^{C}_{12}$		氮$^{N}_{14}$		氧$^{O}_{16}$

注：表中铀、碘、钯、氟、铍的化学符号与现在标准符号不同。

不过，由于钇、镧、铈、钍、铀 5 种ⅢB 族元素和ⅢA 族元素中的铊，原子量测定得都与实际值相差太大，又由于碳、硅、锆、溴 4 元素都占了两个位置并给出了两种原子量，其中必定有一个位置和一种原子量是不正确的，所以，也有不少排在同一纵行中的元素。比如标记 11 纵行中的钯、镧、砷、硅，标记 16 纵行中的铬、钼、硒、钛，它们的性质并不具有相似性。

然而，它们每一条绕圆柱旋转一周的斜线（横线）上的元素，的确出现了某些周期，至少是某些周期片断的迹象。比如，自下往上，第一条横线中的锂、铍、硼、碳、氮、氧，第二横行中的钠、镁、铝、硅、磷、硫，它们分别为第二周期和第三周期的绝大多数成员；第三、四、五横行中的元素，基本上都是第四周期的片断，第六、七、八横行中的元素，基本上都是第五周期的片断。

坎古杜瓦的圆柱体螺旋图的展开表，与现代周期表相比，碘和碲、镍和钴两对元素，好像都排颠倒了位置；但是，根据它们的实际的原子量大小，按常规排列本该如此。尤其是镍和钴这一对元素，它们既是同族（ⅧB 族）成员，又是同系（铁系）成员，物理性质和化学性质都非常相似，如此排列更在情理之中。

至于第二周期的氟排在第三周期元素的前面，第三周期的氯排在第四周期元素前面，在没有揭示核外电子排布规律和没有发现ⅧA族元素之前，这也是完全可以理解的。

当然，他为碳、硅、锆各给出两种相差悬殊（超过了同位素的范围）的原子量肯定是不对的，但他提出的一个元素可以有多种原子量（尽管当年还没法测出）的观点并没有错，而且还具有敢于挑战权威的莫大勇气。

坎古杜瓦利用立体式螺旋元素图，开了研究元素体系的先河，并成功地打响了从整体上探索原子量与元素性质内在联系的第一炮。随着原子量从小到大的顺序排列，元素性质显露出了周期性变化的端倪。

然而非常遗憾的是，他的论文和图表被巴黎科学院一直压到1889年和1891年，才先后翻译出版。很可惜，未能在元素周期律的发展史上起到应有的作用。

铁系元素

铁、钴、镍三种元素的最外层都有两个4*s*电子，只是次外层的3*d*电子数不同，分别为6、7、8，它们的原子半径十分相似，所以它们的性质很相似。

铁系元素单质都是具有金属光泽的白色金属。钴略带灰色。它们的密度都比较大，熔点也比较高，它们的熔点随原子序数的增加而降低，铁系元素的原子半径、离子半径、电离势等性质基本上随原子序数的增加而有规律地变化。但镍的原子量比钴小，这是因为镍的同位素中质量数小的一种占的比例大。

法国近代科技中心的形成

从19世纪末开始，英国的工业优势不断衰退，导致英国在科研开发的投入相对下降，再加上英国的学术界过分重视理论轻视应用，重视科学轻视技术的传统，英国在国际经济、科技等方面的地位不断下滑。近代科技的中心也从英国转移到了法国。

这个中心的形成始于18世纪初，19世纪初进入高峰。

这一阶段，英国的经济仍然处于繁荣的状态，法国则由于其特殊的政治情况成为激烈的大革命场所。

以狄德罗为首的一批启蒙运动的哲学家形成了法国百科全书派。他们宣传自由平等和人道主义，提倡民主和科学，出现了一次思想大解放，彻底反封建的运动。

另一方面，在牛顿的学说的影响下，也出现了一批科学家和科研成果。例如著名数学家及力学家拉格朗日，数学家和天文学家拉普拉斯，开创定量分析、创立燃烧氧化学说、推翻支配化学发展长达百年之久的燃素说的现代化学之父拉瓦锡，在这段时期还产生了公度量衡、科学教学制度和公立中学。

但是，法国的研究工作过分地学院式，教育制度培养的人才相当部分是科学家、数学家、哲学家的类型，不善于将科学转化为生产力，再加上社会又过于动荡，影响了法国的经济发展。

欧德林与表格式元素表

1864年，在全世界发现了63种元素的时候，英国牛津大学化学教授欧德林制作了一张包括45种元素的表格。

欧德林把该表上下分为三部分、左右分为五部分，共15个小区，除4个小区是空白，其余11个小区都多少不同地排进了已知元素和未知元素，从中已经可以看到一点儿现代周期表中周期和族的眉目。现代周期表是正副族多、周期少，该表也是类似于族的横行多，相当于周期的纵行少，只不过是纵像周期横似族罢了。

纵行相当于现代元素周期表的周期或周期片断，如果将其首尾连接，它们就是对当时只有6个周期元素（成员短缺不一）而又未发现ⅧA族的情况下，首尾相接的一种排列方式。比如：

欧德林的表格式元素表

									钼	Mo	96	钨	W	184
										—		金	Au	196.5
氢	H	1							钯	Pb	106.5	铂	Pt	197
锂	Li	7	钠	Na	23		—		银	Ag	108		—	
铍	G	9	镁	Mg	24	锌	Zn	65	镉	Cd	112	汞	Hg	200
硼	B	11	铝	Al	27.5		—			—		铊	Tl	203
碳	C	12	硅	Si	28		—		锡	Sn	118	铅	Pb	207
氮	N	14	磷	P	31	砷	As	75	锑	Sb	122	铋	Bi	210
氧	O	16	硫	S	32	硒	Se	79.5	碲	Te	129		—	
氟	F	19	氯	Cl	35.5	溴	Br	80	碘	I	127		—	
			钾	K	39	铷	Rb	85	铯	Cs	133			
			钙	Ca	40	锶	Sr	87.5	钡	Ba	137			
			钛	Ti	48	锆	Zr	89.5		—				
			铬	Cr	52.5		—		钒	V	138			
			锰	Mn	55		—			—				

注：表中铍、钯的化学符号与现在标准符号不同。

除氢为第一周期元素外，第一、二纵行中部区域的各 7 个元素，分别为第二周期成员和第三周期成员，而且顺序排列得 100% 的正确；

第二纵行下部区域的 5 个元素和第三纵行中部区域的 4 个元素，都是第四周期成员；

第三纵行下部区域的 3 个元素和第四纵行上、中部区域的 8 个元素，都是第五周期成员；

其余纵行的 10 个元素，都是第六周期成员。

横行相当于现代周期表里某一主族或某一副族的元素，或者是同一序号的主副族元素兼而有之。在中、下部区域中，二者的第一横行都是Ⅰ族元素，二者的第二横行都是Ⅱ族元素，而中部的第五横行已经囊括了现代周期表ⅤA族中的全部成员；第三、四、六、七横行，虽然比起现代周期表的Ⅲ、Ⅳ、Ⅵ、Ⅶ四个主族来还缺少 1～2 个元素，但他能根据上下左右相邻元素的原子量差值的大小，首开记录地用一短横的形式，给应该存在而尚未发现的元素，或已经发现而他还不知道的元素留下了适当的空位。

在全表留出的 12 个空位中，至少有 9 个是完全正确的。其中有 7 个是当时尚未发现的元素——镓、锗、钋、砹、镧、锝、铼的未来位置，两个是已经发现而他未收入的铜和铟的应在位置。至于在不少同一横行中，前后安排了同一族序的正、副族两类元素，这种形式可以看做是现代双族式周期表的胚胎阶段。

非常难能可贵的是，欧德林毫不犹豫地把原子量为129的碲排在了原子量为127的碘前面，这说明欧德林既在整体上按原子量由小到大排列元素，又在出现特殊情况下特殊对待，让元素的原子量义无反顾地服从元素的性质。

欧德林的元素表不仅证明了坎古杜瓦提出的元素的不同性质是由原子量的变化引起的这一观点，而且相比坎古杜瓦的立体螺旋表，该表更明显地表现出了按原子量递增顺序排列后，各种元素性质的周期性变化规律。

虽然后来的科学发展证明，元素的原子量并不是元素性质最有资格的体现者，但是在一般情况下，由于原子量的递增与决定元素性质变化的核电荷的增加是同步的，所以在一个相当长的时期内，人们都是认为元素性质的变化是由于原子量的不同造成的。

欧德林的元素表有一个缺点，就是钒的原子量误差太大，是实际数值的2.7倍，所以它才错误地与铬同居一个横行，而没能占据钛和铬中间的正确位置，跟锰那样单独占一个横行，反而把这一横行中真正的主人——钼和钨驱赶得“背井离乡”。

核电荷数

质子所带的正电荷数就叫核电荷数。一个原子是由原子核和核外高速运动的电子所组成的。原子核又是由质子和中子组成的（不是分两层）每一个质子带一个单位正电荷，中子不显电性，有多少个质子就带多少单位正电荷，质子所带的正电荷数就叫核电荷数。对于同一原子，核电荷数 = 质子数 = 核外电子数。

钒的发现趣闻

世界上已知的钒储量有98%产于钒钛磁铁矿。除钒钛磁铁矿外、钒资源还部分赋存于磷块岩矿，含铀砂岩，粉砂岩，铝土矿，含碳质的原油、煤、油页岩及沥青砂中。

说起钒的发现，还有一段故事呢。

在1830年时，著名的德国化学家伍勒在分析墨西哥出产的一种铅矿的时候，断定这种铅矿中有一种当时人们还未发现的新元素。但是，在一些因素的干扰下，他没能继续研究下去。

此后不久，瑞典化学家塞夫斯朗姆发现了这一新元素——钒。

伍勒白白地失去了发现新元素的大好机会，感到很失望。于是他把事情的经过写信告诉了自己的老师，著名的瑞典化学家贝采里乌斯，贝采里乌斯给他回了一封非常巧妙的信。信上说：

“在北方极远的地方，住着一位名叫‘钒’的女神。一天她正坐在桌子旁边时，门外来了一个人，这个人敲了一下门。但女神没有马上去开门，想让那个人再敲一下。没想到那个敲门的人一看屋里没动静，转身就回去了。看来这个人对他是否被请进去，显得满不在乎。女神感到很奇怪，就走到窗口，看看到底谁是敲门人。她自言自语道：原来是伍勒这个家伙！他空跑一趟是应该的，如果他不那么不礼，他就会被请进来了。

过后不久，又有一个敲门的人来了。由于这个人很热心地、激烈地敲了很久，女神只好把门打开了。这个人就是塞夫斯朗姆，他终于把‘钒’发现了”。

主族与副族的首次划分

在欧德林制出元素表的当年，德国物理学家兼化学家迈耶经过多年对元素理化性质的研究在《近代化学理论》一书中明确指出：“元素的性质是它的原子量的函数”。

这实际上就是坎古杜瓦关于原子量与元素性质关系的另一种表达方式，都是指元素的性质随着原子量大小的变化而变化。他将这种思想充分表现在自己设计的一张包括44种元素的表格中。因其将元素分为6个纵行，当年曾叫《六元素表》。

迈耶的元素表在形式上，已经比较明确地具有了现代周期表的一点儿轮廓，基本上也是横像周期纵似族。

迈耶制作的元素表

	4价	3价	2价	1价	1价	2价
	…	…	…	…	锂 Li 7.03	(铍 Be 9.3)
差数	…	…	…	…	16.02	(14.7)
	碳 C 12	氮 N 14.4	氧 O 16.00	氟 F 19.0	钠 Na 23.5	镁 Mg 24.0
差数	16.5	16.6	16.00	16.46	15.63	16.00
	硅 Si 28.5	磷 P 31.0	硫 S 32.0	氯 Cl 35.46	钾 K 39.13	钙 Ca 40.0
差数	$\frac{89.1}{2}=44.5$	44.0	46.8	44.51	46.27	47.0
	…	砷 As 75.0	硒 Se 78.8	溴 Br 79.97	铷 Rb 85.4	锶 Sr 87.0
差数	$\frac{89.1}{2}=44.5$	45.6	49.5	46.83	47.6	49.0
	锡 Sn 117.6	锑 Sb 120.6	碲 Te 128.3	碘 I 126.8	铯 Cs 133.0	
差数	$\frac{89.4}{2}=44.7$	$\frac{87.4}{2}=43.7$	…	…	$\frac{71}{2}=35.5$	
	铅 Pb 207.0	铋 Bi 208.0	…	…	(铊 Tl 204?)	钡 Ba 137.1
	4价	4价	4价	2价	1价	
	{锰 Mn 55.1 铁 Fe 56.0	镍 Ni 58.7	钴 Co 58.7	锌 Zn 65.0	铜 Cu 65.3	
差数	{49.2 48.3	45.6	47.3	46.9	42.64	
	钌 Ru 104.3	铑 Rn 104.3	钯 Pd 106.0	镉 Cd 111.9	银 Ag 107.94	
差数	$\frac{92.8}{2}=46.4$	$\frac{92.8}{2}=46.4$	$\frac{93}{2}=46.5$	$\frac{88.1}{2}=44.05$	$\frac{88.76}{2}=44.38$	
	铂 Pt 197.1	铱 Ir 197.1	锇 Os 199.0	汞 Hg 200.2	金 Au 197.6	

迈耶首先将1852年英国化学教授弗兰克南德提出的化学亲和力，这种反映各种元素在化学反应中参加多少原子和彼此结合力强弱的概念，改为化合价引入元素表，并且利用化合价这种元素的重要性质，作为划分族的主要依据，第一个把后来称之为主族元素和副族元素的成员截然分开。

在第一横行的化合价下，安排的都是主族元素，在第十三横行的化合价下，安排的都是副族元素。这说明他已经洞察到主副族元素有着明显的不同特点。而且，他把ⅠB族和ⅡB族元素排在了ⅧB族的后面，跟现代周期表已大致相同；但是，按原子量由小到大排列，2 价的锌、镉、汞本应在 1 价的铜、银、金右侧的纵行内，却不知出于何故，二者竟颠倒了位置。

该表所有的横行，下面的副族安排的都是同一周期的元素，上面的主族安排的都是相邻两个周期中首尾相接的元素。所有的纵行基本上安排的都是同一族中的元素，只有铊和锰是例外，因为该表中铊的同族元素没有出现，锰的同族元素还未发现，所以很碍眼地杂居在他族之中。

该表中，迈耶给应该存在但尚未发现的元素，以 3 个小点的形式留下了 7 个空位。其中至少有 3 个是正确的，是为锗、钍、破预定的位置。这使得他与欧德林一起成为最早能够为一些未知元素留出正确位置的科学家。

迈耶把Ⅰ A 族和Ⅱ A 族安排在ⅦA 族的后面，这显然没有欧德林正确。但在按原子量递增排列元素的当时，在没有发现ⅧA 族之前，尤其是在还没有发现元素表的周期是核外电子分层的体现之前，这是完全可以理解的。就是 32 年后，英国大化学家拉姆塞为周期表增加惰性气体一族时，也是这样安排的。这是因为它并不妨碍元素性质随着原子量的递增而呈现周期性变化的规律。

迈耶在两个相邻横行上下相对的两个元素之间，一一标出了它们大小不同的原子量差值；不过在中下部元素中，因其原子量差值太大只取其一半。这样，1 ~ 3 横行上下相邻两元素的原子量差值大致为 16，其余各横行上下相邻两元素的原子量差值，大多数在 44 ~ 49 之间。

由于迈耶对主族元素的原子量测定得比较精确，排列得也较好，致使给出的原子量不同差值，具有了一种预示性：在将来的周期表中，元素的周期可能会有几种不同的长短之分。

不过，该表也有缺点和错误：

1. Ⅰ B 族和Ⅱ B 族相互错位；

2. 把锰和铁放在了一个格内；

3. 锇与铂因原子量错误颠倒了位置，而且锇的原子量比铱和铂都大；

4. 在一个ⅧB 族中，为左右相邻的三对元素分别给出了相同的原子量，镍和钴的原子量都是 58. 7，钌和铑的原子量都是 104. 3，铱和铂的原子量都是 197. 1。这很可能是他的元素样品不纯所致，因为这三对元素的实际原子量，除了镍和钴的差值很小，其余两对元素的差值都比较大。

化学亲和力

在化学中，一种物质可以很容易、很迅速地与某种物质发生反应，而与另一种物质反应则较难，对第三种物质甚至完全不发生反应。因此，有必要提出某种物理量来度量不同物质彼此反应的能力，这个能力叫做化学亲和力。

密度最大的金属单质：锇

锇是金属单质中密度最大的，为22.59克/立方厘米。锇的共价半径特别小，也就是说锇原子排列得非常紧密，密度也就相当大。

金属锇极脆，放在铁臼里捣，就会很容易地变成粉末，锇粉呈蓝黑色。金属锇在空气中十分稳定，熔点3 045℃，沸点5 300℃以上。它不溶于普通的酸，甚至在王水里也不会被腐蚀。可是，粉末状的锇，在常温下就会逐渐被氧化，并且生成黄色四氧化锇。锇的蒸气有剧毒，会强烈地刺激人眼的黏膜，严重时会造成失明。

锇在工业中可以用作催化剂。合成氨时用锇做催化剂，就可以在不太高的温度下获得较高的转化率。如果在铂里掺进一点儿锇，就可做成又硬又锋利的手术刀。利用锇同一定量的铱可制成锇铱合金。铱金笔笔尖上那颗银白色的小圆点，就是锇铱合金。用锇铱合金还可以做钟表和重要仪器的轴承，十分耐磨，能使用多年而不会损坏。

纽兰兹与“八音律”

1865—1866 年，当世界上发现了 63 种元素的时候，英籍意大利工业化学家纽兰兹对包括锚在内的 62 种元素（只有铽、铒不在其内），按照原子量递增的顺序不同形式地进行反复排列时，他发现了一种非常有趣而又具有重大意义的现象：无论从哪一个元素数起，每到第八个元素就会出现与第一个元素性质相似的循环往复，就像是音乐里八度音的第八音符那样。

于是，纽兰兹按照这种规律，把 62 种元素按原子量由小到大的顺序，依次排进横七竖八的 56 个格内，并将这张元素表命名为八音律表。

纽兰兹的八音律表

1 氢 H	8 氟 F	15 氯 Cl	22 钴 Co、镍 Ni	29 溴 Br	36 钯 Pd	42 碘 I	50.铂 Pt、铱 Ir
2 锂 Li	9 钠 Na	16 钾 K	23 铜 Cu	30 铷 Rb	37 银 Ag	44 铯 Cs	51 锇 Os
3 铍 G	10 镁 Mg	17 钙 Ca	24 锌 Zn	31 锶 Sr	38 镉 Cd	45 钡 Ba、钒 V	52 汞 Hg
4 硼 B	11 铝 Al	19 铬 Cr	25 钇 Y	33 铈 Ce、镧 La	40 铀 U	46 钽 Ta	53 铊 Tl
5 碳 C	12 硅 Si	18 钛 Ti	26 铟 Ir	32 锆 Zr	39 锡 Sn	47 钨 W	54 铅 Pb
6 氮 N	13 磷 P	20 锰 Mn	27 砷 As	34 镨 Di、钼 Mo	41 锑 Sb	48 铌 Nb	55 铋 Bi
7 氧 O	14 硫 S	21 铁 Fe	28 硒 Se	35 铑 Ro、钌 Ru	43 碲 Te	49 金 Au	56 钍 Th

注：表中铍的化学符号与现在标准符号不同。

而且，纽兰兹明确指出：“性质相似元素的序号差，一般都是 7 或 7 的倍数。”

按照纽兰兹所说，该表的 7 个横行，本应该从上到下依次填入原子序数紧相连接的 7 个族的元素，但它只是第一和第二纵行基本如此，其余 6 个纵行都出入很大。

一是因为这种八音律表，最适合于当时仅有 7 个小族的主族元素。但是，该表成员并非只限于主族元素，副族元素已占了接近一半，而且还有 f 区的次副族元素。其中仅ⅧB 族就有 9 个元素，而且正是ⅧB 族元素排进了只有 7 个横行的元素表内，才使得该表出现了最大的不协调，造成不少鸠占鹊巢的混乱现象。

二是因为表内相当于周期片断的纵行中，上下相邻的元素，本应该是些原子量最接近的元素，但是由于某些元素的原子量测定得精度太低，有的相差十分悬殊，比如钡、钒、钽、钨、铌、金、锌、钇、铟、砷等等，它们的原子量相去甚远，本来就不应该是序号相连的元素。

三是因为在已发现的元素之间，尚有不少未发现的元素，它们势必影响到真正的依次排列。不过，为了顾及同族元素性质的相似性，表中4对序号大小颠倒排列的元素，处理得是相对正确的，尤其是把碲和碘颠倒排列绝对正确，而且具有典型意义；内中只有铬一个元素，出于多种原因而仍居错位。

八音律表横向排列7行是一定的，不然就不成其为八音律了。但是，纵向只限于8行，就势必出现两种缺憾：

1. 62种元素平均分配到56个格内，就一定会出现6处将两个元素放在了一个格内的现象。但是，排在一个格内的两种元素，绝不会因为原子量一样性质便完全相同。更何况那些原子量相同的元素，还只是因为样品不纯或测定有误出现的一种假象呢。

比如，钴和镍、钌和铑、铱和铂、镧和铈，因为各对元素都是同一个元素系（铁系、铂系或镧系）中的成员，也只是性质相似或相近而已。

至于钽和锚、钡和钒，前对元素中的锚并非单质，而是镨、钕、钐、铕、钆五种元素的金属复合氧化物，它与钽的性质差别是不言而喻的；而后一对元素一个为碱土金属，一个为酸土金属，性质当然也不相同。

2. 56座宅院住进62户人家已属拥挤不堪，就没法再给未知元素留下应有的住所，将来再发现新元素如何安置呢？

该表成员除去一个冒牌的元素——锚，还剩下61个货真价实的元素，但这个数目也占了当时已发现元素的96.8%以上，其阵容之大是空前的。所以，尽管八音律表存在以上缺点，但它仍然博得了许多人的称赞，并激起了不少化学家对元素体系研究的更大兴趣。

金属复合氧化物

两种以上金属（包括有两种以上氧化态的同种金属）共存的氧化

物。在其结构中不存在独立的含氧酸根离子。这些结构都不属于含氧酸盐。另外也包括同种金属不同氧化态的混合价态氧化物，也不具备含氧阴离子。

金属复合氧化物具有良好的光学、电学、磁学性能，是重要的激光材料、热释电材料、压电材料和强磁性材料等，应用极为广泛。

纽兰兹简介

纽兰兹（1837—1898）英国分析化学家和工业化学家。1837 年 11 月 26 日生于伦敦，1898 年 7 月 29 日卒于伦敦。1856 年入英国皇家化学学院，随 A. W. von 霍夫曼学习一年，后任皇家农业学会助理化学师。1864—1868 年，作为分析化学师独立开业。1868—1886 年，任一个制糖厂的主任化学师。

纽兰兹在门捷列夫之前发现并研究了化学元素性质的周期性。1865 年他把当时已知的 61 种元素按原子量的递增顺序排列，发现每隔 7 种元素便出现性质相似的元素，如同音乐中的音阶一样，因此称为元素八音律。

纽兰兹这个想法当时未被人们接受，到了元素周期系确立后，人们才承认他的重要发现。因此，他 1887 年获得英国皇家学会颁发的戴维奖章。他将自己的论文收集在《论周期律的发现》（1884）一书中。

双族式短周期表的出现

1870 年，迈耶为了继续阐明元素性质是它的原子量的函数的论点，发表了他在 1869 年 10 月一再修改的元素——双族式短周期表。

此表由 6 年前的 44 种元素增加到 55 种元素，第一次用罗马数字在上面标出 9 个纵行，下面列出长短不一的 15 个横行。迈耶的前后两种元素表有一个共同的特点，就是主副族分明。

双族式短周期表

Ⅰ	Ⅱ	Ⅲ	Ⅳ	Ⅴ	Ⅵ	Ⅶ	Ⅷ	Ⅸ
	硼 B 11.0	铝 Al 27.3	—	—	—	铟 ? In 113.4	—	铊 Tl 202.7
	碳 C 11.97	硅 Si 28.0		—		锡 Sn 117.8	—	铅 Pb 206.4
			钛 Ti 48.0		锆 Zr 89.7			
	氮 N 14.01	磷 P 30.9		砷 As 74.9		锑 Sb 112.1		铋 Bi 207.5
			钒 V 51.2		铌 Nb 93.7		钽 Ta 182.2	
	氧 O 15.96	硫 S 31.98		硒 Se 78.0		碲 Te 128?		—
			铬 Cr 52.4		钼 Mo 95.6		钨 W 183.5	
	氟 F 19.1	氯 Cl 35.38		溴 Br 79.75		碘 I 126.5		—
			锰 Mn 54.8		钌 Ru 103.5		锇 Os 198.6	
			铁 Fe 55.9		铑 Rh 104.1		铱 Ir 196.7	
			钴镍 CoNi 58.6		钯 Pd 106.2		铂 Pt 196.7	
锂 Li 7.01	钠 Na 22.99	钾 K 39.04		铷 Rb 85.2		铯 Cs 132.7		—
			铜 Cu 63.3		银 Ag 107.9		金 Au 196.2	
铍 ? Be 9.3	镁 Mg 23.9	钙 Ca 39.9		锶 Sr 87.0		钡 Ba 136.7		—
			锌 Zn 64.9		镉 Cd 111.6		汞 Hg 199.8	

以现代元素周期表的角度看，在纵行中，Ⅰ、Ⅱ、Ⅲ纵行和Ⅴ、Ⅶ、Ⅸ纵行都是主族元素，Ⅳ、Ⅵ、Ⅷ纵行都是副族元素。不过，纵行还远非周期，每一个纵行的元素，都是某一周期的部分成员，或是某一个周期的后半部分与前一周期头两个元素的衔接。

在横行中，除第一横行为ⅢA族，9～11横行为ⅧB族；其余基本上都是每两个横行为一对族序相同的正副族，上面元素较多者为主族，下面元素较少者为副族。其中，12～15横行，分别是ⅠA族、ⅠB族和ⅡA族、ⅡB族；2～8横行，分别是ⅣA族和ⅣB族至ⅥA族和ⅥB族，另外还有ⅦA族，只有锰这个ⅦB族中的唯一成员没有单独占一横行，而是占了ⅧB族中铁的位置，迫使铁下降了一行。

该表无论跟迈耶自己1864年的元素表比，还是跟门捷列夫1869年的元素表比，都有一些长足的进步，主要表现在以下方面。

1. 对55种元素的排列顺序，除了锰造成了铁系的混乱外，其余者完全正确，超过了前面所有的制表人。

2. 排列正确的主副族共有13个，上升到了空前的数目。

3. 给未知元素留下的空位命中率显著提高，由过去的42.85%上升到了60%。它们分别是将来镓、锗、钋、砹、钫、镭的住地。

4. 在ⅧA族的氦和ⅢB族的钇均未列入的情况下，除ⅧB族和ⅢA族外，其他各族都是紧挨着排入相同序号的主副族，即Ⅰ、Ⅱ、Ⅳ、Ⅴ、Ⅵ、Ⅶ各族都是序号相同的主副族上下相连着横向排列。已经具有了现代周期表中双族式短表的雏形。

但是该表也有明显的不足之处，主要表现在以下三点。

1. 在原子量上虽然有所改进，但仍存在着问题。钴和镍、铱和铂两对元素的原子量虽然都跟以前不一样了，但是每一对元素的原子量仍然相同；不知是否受到门捷列夫的影响，碲和铟的原子量本来都接近正确，却不自信地打上了问号。

2. 锰仍混杂在ⅧB族之中，这比起自己的1864年所制的周期表来还只是停止不前，若比起欧德林的1864年所制的周期表来就是一种退步。

3. 该表虽然比1864年的元素表扩大了阵容，但是仍然没有把已经发现20多年至100多年的铒、铽、镧、钍、铈、钇、铀、氢收入表内。

根据他前后两表井然有序的共同风格，在欧洲区域本不算大、学术交流又非常活跃的情况下，估计他不会对这些元素全不知道，只是拿不准把镧、锕二系元素成员和第一周期元素氢放在什么地方合适，故采取了宁缺毋滥的严谨态度。

在元素周期表的成长过程中，迈耶是设计的形式最多的人。他1864年的元素表，其形式为横像周期纵似族；他1869年的元素表，其形式为纵像周期横似族；同一年，迈耶为了用多种形式表达元素性质是它们原子量的函数这一观点，他又以原子量除以密度求出的原子体积为纵坐标，以原子量为横坐标，绘制了一张反映二者关系的曲线图，把它叫做《原子体积周期图》。

该图共有56种元素（比上表多了一个作为起点的氢），用曲线连接起来后，出现了一浪更比一浪高的5个波峰，又伴之一波更比一波长的5个

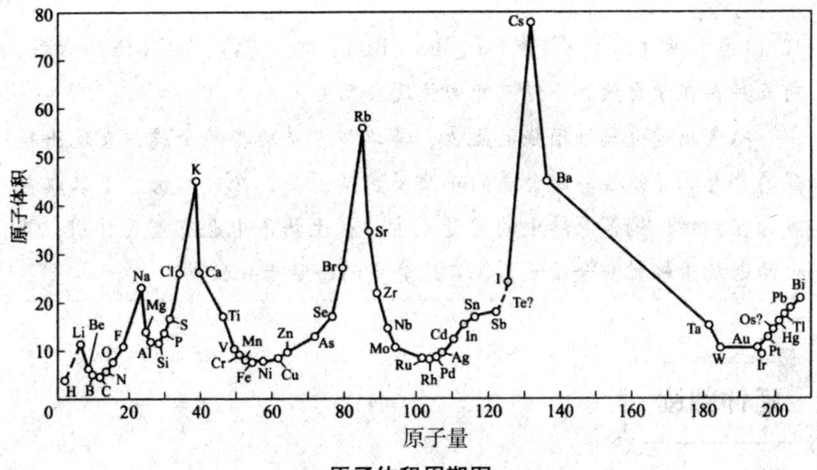

原子体积周期图

波谷。从波峰可以明显地看出，属于ⅠA族元素的锂、钠、钾、铷、铯等碱性金属，依次处于每个波峰的顶端。这表明原子体积的变化也有明显的周期性。它又从另一个侧面证明，元素的物理性质也具有伴随着原子量的递增呈周期性变化的规律。

该图还表明，氢后面前两个周期的元素，都是拥有7个成员（在未发现ⅧA族元素之前这是很正确的）。这与他双族式周期表的Ⅱ和Ⅲ两个纵行中都是7个元素正好可以相互印证。而且由此还可以证明纽兰兹的八音律表是正确的。其余周期中的元素，则全不同程度地多于7个成员，再一次显示出元素性质随原子量变化的周期有长有短，与他1864年的元素表可以相互印证。至于具体各比7多几个成员，还有待于新元素的发现和科学的发展。

不过，该图比起上表来，有一个令人十分不解之处：原来与镍共居一室的钴，原子量只有58.6，为什么硬要去跟原子量为128的碲平起平坐？

碱金属

碱金属指的是元素周期表ⅠA族元素中所有的金属元素，目前共计锂（Li）、钠（Na）、钾（K）、铷（Rb）、铯（Cs）、钫（Fr）六种，前五种存在于自然界，钫只能由核反应产生。

碱金属是金属性很强的元素，其单质也是典型的金属，表现出较强的导电、导热性。碱金属的单质反应活性高，在自然状态下只以盐类存在，钾、钠是海洋中的常量元素，在生物体中也有重要作用；其余的则属于轻稀有金属元素，在地壳中的含量十分稀少。

迈耶与能量守恒

迈耶1840年开始在汉堡独立行医。他对万事总要问个为什么，而且必亲自观察、研究、实验。

1840年2月22日，他作为一名随船医生跟着一支船队来到印度尼西亚。一日，船队在加尔各答登陆，船员因水土不服都生起病来，于是迈耶依老办法给船员们放血治疗。在德国，医治这种病时只需在病人静脉血管上扎一针，就会放出一股黑红的血来，可是在这里，从静脉里流出的仍然是鲜红的血。

于是，迈耶开始思考：人的血液所以是红的是因为里面含有氧，氧在人体内燃烧产生热量，维持人的体温。这里天气炎热，人要维持体温不需要燃烧那么多氧了，所以静脉里的血仍然是鲜红的。那么，人身上的热量到底是从哪来的？顶多500克的心脏，它的运动根本无法产生如此多的热，无法光靠它维持人的体温。那体温是靠全身血肉维持的了，而这又靠人吃的食物而来，不论吃肉吃菜，都一定是由植物而来，植物是靠太阳的光热而生长的。太阳的光热呢？迈耶越想越多，最后归结到一点：能量如何转化（转移）？

不过，迈耶的想法并不为世人理解，人们很不尊敬地称他为“疯子”，而迈耶的家人也怀疑他疯了，竟要请医生来医治他。在一连串的打击下，迈耶于1849年从三层楼上跳下自杀，但是未遂，却造成双腿伤残，从而成了跛子。随后他被送到哥根廷精神病院，遭受了8年的非人折磨。

门捷列夫的贡献

门捷列夫出生于1834年，家境困顿，后藉着微薄的助学金开始了他的大学生活，并成了彼得堡大学的教授。幸运的是，门捷列夫生活在化学界探索元素规律的卓绝时期。当时，各国化学家都在探索已知的几十种元素的内在联系规律。1869年，门捷列夫将当时已知的63种元素的主要性质和原子量写在一张张小卡片上，进行反复排列比较，最后发现了元素周期规律，并依此制定了元素周期表。

元素周期表的发现，是近代化学史上的一个创举，对于促进化学的发展起了巨大的作用。

门捷列夫的一生

门捷列夫，是19世纪下半叶俄国先进的科学文化活动家之一。他是一位精力充沛、成绩卓著的科学家。他一生都在进行科学创新，具有高超的抽象思维能力。

1869年，门捷列夫发现了化学元素周期表，这是19世纪最伟大的科学成就，从而奠定了现代化学的基础，这是一项让他永垂史册的成就。

门捷列夫善于从表面现象发现内在规律，他有超乎常人的洞察力，是一个纯粹的创新者，是一个绝对的天才，他能够预见最重要、最现实的科学问题，能够洞察科学存在和发展的脉搏。

充实的少年时代

1834年2月7日，门捷列夫出生于俄国西伯利亚的托波尔斯克市。

门捷列夫的父亲依万·巴甫诺维奇·门捷列夫，在彼得堡师范学院毕业以后，即从事教育工作，1827年起任托博尔斯克中学校长。

门捷列夫的母亲玛丽雅·德米特里耶芙娜·门得列也娃，是一位天资聪颖，极为能干的妇女，她对于幼子门捷列夫性格的形成有着决定性的影响。

托波尔斯克风光

门捷列夫生下来才几个月，父亲就失明了。在莫斯科手术做得还算顺利，但他回到托博尔斯克，才知道他担任的托博尔斯克中学校长的职位已属他人。他父亲只好离职退休。

可是，家里人口众多，养老金数额有限，不敷家用。玛丽娅·德米特利耶芙娜不得不想办法增加一些额外收入。她哥哥瓦西里·柯尔尼里耶夫在离托博尔斯克30俄里的阿列姆江卡村开办一座小玻璃厂。每逢这位厂主到莫斯科办事，厂里的业务就弄得一塌糊涂。

于是，门捷列夫一家搬到了阿列姆江卡来。玛丽娅·德米特利耶芙娜协助哥哥管理工厂，还安排家人在工厂院子里的房前房后搞些副业，生活才变得好过一些。

门捷列夫经常偷偷钻进厂房，去看工人们怎样熔制和加工玻璃。他很想弄到一根长管子，伸进熔炉，取出一团烧化了的、黏乎乎的东西，吹成一个大玻璃球。他平常总是站在旁边观看，有时看得起劲，竟跑到熔炉跟前去。

这时，工人就会赶开孩子，把他送到安全的地方。玻璃制造工地成了这个少年最早接受物理和化学教育的摇篮。

门捷列夫童年时代的最清晰的记忆，是和那些日日夜夜在燃烧着的熔玻璃的炉火有关联的。跟那些吹玻璃技工的友谊，使童年的门捷列夫发现了他们这一行手艺的窍门。14 年以后，他在自己的硕士论文中利用了当时在工厂中所获得的知识，使制造玻璃的许多方法有了科学的理论依据。

1840 年，当孩子们都长大了，玛丽雅·德米特里耶芙娜就把家搬到托博尔斯克城，因为在这里孩子们可以上学念书。

当时的时代，正是欧洲资本主义迅速发展时期。生产的飞速发展，不停地对科学技术提出新的要求。化学也和别的科学一样，获得了很大的发展。门捷列夫就是在这样一个时代，诞生于人间。他从小热爱劳动、热爱学习。他认为只有劳动，才能使人们获得快乐，获得美满的生活；只有学习，才能让人变得聪明。

1841 年秋天，不满 7 岁的门捷列夫考进了托波尔斯克中学，成为当地的一大新闻。由于年龄太小，需要在中学一年级学习两年。他十分爱好数学、物理和地理，成绩优秀，父母为儿子的聪明和好学而自豪。

门捷列夫这时已清醒地认识到：优秀的教师留给学生的良好印象将影响学生的一生。正如他在论国民教育短评中写到的那样：“当回忆中学教师对我的影响时，我经常提到两位教师：数学、物理教师鲁米里和历史教师多伯罗霍托夫。我曾向那些自觉而深思熟虑的人打听过好多次，总听到他们说，在他们的一生中，也有一位到两位教师留给他们良好的印象。”

但是最能吸引门捷列夫的还是生动的大自然。门捷列夫终生喜爱大自然。他曾和中学时代的老师彼得·巴甫洛维奇·艾尔绍夫一同做了长途旅行，搜集了一些岩石、花卉和昆虫的标本。

1847 年，门捷列夫的父亲去世，第二年他母亲经营的玻璃工厂也因失火而倒闭了。

1849 年，门捷列夫中学毕业了，他的学习成绩，尤其是在高年级所获得的成绩使他母亲感到很高兴。在中学里虽不是高材生，但是，教师们一致认为他具有卓越的智慧和才能。母亲焦急地期待着实现自己朝思暮想的愿望——让可爱的儿子受到高等教育。母子二人的最高理想就是盼望能够到莫斯科大学去接受高等教育，因为那里有许多著名的俄国科学家在授课。

大学时代的探索

1849 年春，门捷列夫中学毕业了。老师们都说他具有卓越的才能和智慧，将来一定很有出息。母亲也了解儿子的志趣，希望儿于能成为科学家，便带着他到莫斯科求学去了。

但是莫斯科对他非常冷淡，他没能进大学，因为根据当时莫斯科大学的招生章程，只招收莫斯科学区内中学的毕业生。

母亲在丈夫生前好友、彼得堡师范学院院长的帮助下，使门捷列夫考进了师范学院的数学自然科学系。

母亲的心血没有白费，彼得堡师范学院有两个重要的有利条件，对日后门捷列夫的科学事业起着重要的作用。

一是师资条件好。当时在学院教书的不少是著名的专家学者。加上学院里学生不多，院士、教授们一人只教四五个大学生，最多也只有 10 个，因此能对每个学生因材施教，进行过细培养。

彼得堡风光

卓越的化学家和教育家亚历山大·沃斯科列森斯基教授对于这位未来科学家的培养有极大的影响。

沃斯科列森斯基教授曾经培养出大批出色的俄罗斯化学家。他的学生门捷列夫、别凯托夫、索科洛夫和其他许多学生都崇敬地称他为“俄罗斯化学之祖”。

沃斯科列森斯基一方面进行创造性的化学工作，另一方面还分出大部分时间来培养青年一代。他有一种高尚的品质——善于观察学生的天赋特点，并以伟大教育家的耐心和热忱来发扬这些特点。他非常重视学生的活泼创造思想，他极力鼓舞学生的独立精神，教导他们大胆地去思考并克服前进道路上的一切障碍。

后来门捷列夫在关于这位老师的传记中曾这样写过：“别人谈论的往往是科学事业中的巨大困难，然而在实验室里沃斯科列森斯基教授常常教导我们说‘馅饼不是从天上掉下来的’。”

沃斯科列森斯基教授以特别的方法和技巧来培养门捷列夫在化学方面进行独立科学研究工作的兴趣。

门捷列夫写道：“我是沃斯科列森斯基的学生，我很清楚地记得，他在讲课时的那种真实纯朴的诱导力和经常督促大家独立研究科学资料的精神，他用这些方法吸收了许多新生力量参加化学研究工作。”

从一年级起，门捷列夫就迷上了化学。这不仅因为化学能帮助人们正确认识自然界，而且还因为他发现化学能实现他从小就怀着的理想：为了人类的利益而获得简单、廉价和“到处都有”的物质。门捷列夫决心要成为一个化学家。

米哈依尔·瓦西里叶维奇·奥斯特罗格拉德斯基和斯捷潘·谢妙诺维奇·库托尔格等教授对门捷列夫也有极大的影响。门捷列夫在奥斯特罗格拉德斯基教授的影响下，对力学和数学发生了兴趣并深入地研究了这两门学科。

二是学院里各系学生间密切交往，经常热烈争论有关科学、哲学、社会政治生活的问题，这对他们扩大视野、磨炼思想起了巨大作用。

门捷列夫后来写道：“别的专业的同学们对学生整个发展的影响，几乎不小于教授。当我在彼得堡师范学院自然科学系学习时，我与同学们毗邻而居，其中不仅有与我听一二年级一般学科的数学系同学，而且也有外系学哲学、历史和经济学的同学，我永远也不会忘记那些不同意见的争论，这种争论经常发生，大大有利于磨炼我们大家。”

门捷列夫大学毕业一年后写道：“如果我能再入这个大学，我将多么高兴呵！在那里我第一次尝试到劳动成果的甜美。”

进入彼得堡师范学院不久，门捷列夫失去了一位最好的老师——他的母亲。母亲的离去对他打击很大，但是，他为了不辜负母亲的心愿，勤奋学习，二年级他就成为了学院的优等生。

他对讲授的各门功课，学得扎实，领会深刻，还参考了各种科学文献。教师们很快发现他具有非凡的才能。

门捷列夫的第一篇科学论著是《关于芬兰褐簾石和辉石的分析》，发表在矿物学协会的刊物上。

在大学学习期间，门捷列夫表现出了坚韧、忘我的超人精神。他被疾病折磨着，由于丧失了无数血液，门捷列夫一天天变得消瘦和苍白。但在他那贫血的手中总握着一本化学教科书。在那里有许多门捷列夫没有弄明白的问题，这些问题缠绕着他，似乎在召呼他快去探索。他在用生命的代价，在科学的道路上攀登着。他说："我这样做'不是为了自己的光荣，而是为了俄国名字的光荣。'"

过了一段时间，门捷列夫并未死去，而是一天天好起来了。原本，是医生诊断的错误，他得的只是气管出血症。

1855 年，门捷列夫通过刻苦学习和在学习期间进行了一些创造性的研究工作，以优异成绩从学院毕业。

同晶现象与比容的研究

从彼得堡师范学院毕业后，他很快在一所历史悠久的学校，即里西尔耶夫学术研究会附属的敖德萨第一中学获得了教师的职位。年青的科学家感觉到自己充满了新生力量。他怀着愉快的心情开始在大学的实验室和图书馆里加紧研究，准备题为《论比容》的硕士论文。

因为门捷列夫非常热情和紧张地工作，所以他在极短的时间内（共一个月）就完成了他的《论比容》著作。这篇著作也就是他准备用以考取硕士学位的论文。

1856 年 5 月，门捷列夫在彼得堡参加硕士考试。这次又得到了辉煌的胜利。他在所有的考试科目中都获得了最高的评价。

门捷列夫提出了"论比容"的研究，作为他的硕士论文。国民教育部关于这件事的官方消息报道说："9 月 9 日，星期日下午 1 时，在圣彼得堡大学，前师范学院学生，现任敖德萨中学自然科学主任教师门捷列夫提出了自己所写的'论比容'及其原理的论文……作者的研究论文及其最后所提出的原理得到了一致的赞同，因为比容使人有可能根据固体的体积来区别取代现象和化合现象，并指出了根据比容进行化学化合物的自然分组的途径。"

这篇报道的不知名的作者有远见地强调指出了门捷列夫的研究对于今后发现周期律有关工作的重要意义。

这位伟大的科学家后来曾不止一次地强调指出他最初的研究工作对于发现周期律的意义。他说道："要知道，同晶现象也就是各种不同的物质形成同样结晶形状的能力，是同族化学元素的一种典型属性。比容，即密度的倒数，也是一样，它正像我后来所观察到的一样，是当单质的原子量增加时，单质周期性和重复性的最鲜明例证之一”。

彼得堡大学校委会一致同意授予门捷列夫物理和化学硕士学位。1856年10月，门捷列夫又答辩通过了第二篇论文《论含硅化合物的结构》，这是为获取讲师席位和在大学授课的资格所必须做的，在这篇论文里他利用了小时候在母亲经营的玻璃工厂中获得的知识，使制造玻璃的许多方法有了科学的理论依据。

1857年1月，23岁的门捷列夫被批准为彼得堡大学化学教研室的副教授，开始讲授化学课程。

门捷列夫

尽管教学和组织工作很繁忙（门捷列夫被选为系秘书），但是这位科学家仍然在大学的实验室里继续他的研究工作。他把这些研究成果，写成论文在国内外的杂志上发表。

门捷列夫的实验室设在彼得堡大学的校舍里，是两间用石头铺地并摆设有空橱柜的小房间。实验室里没有排气和通风设备，以致在试验时人不能长时间停留在屋里。这位化学家不管是冷天，还是下雨天都必须经常到外面去呼吸新鲜空气。至于实验室的设备则简陋得不像样子。当时在全彼得堡都没有试管卖，甚至就连橡皮管（当时叫连接管）都必须自己亲手制造。

实验室的经费少得可怜。当时在化学家中间流行这样的一句俗话：“实验室越简陋，实验研究越优良。”这样的实验条件要想进行大的科学研究是太难了。

1859年4月，门捷列夫被获准去德国海德堡进行两年的科学深造。最初门捷列夫打算在本生的实验室里进行研究工作，可是两位科学家的研究兴趣不同，本生当时正集中精力研究光谱分析，而门捷列夫热衷研究的是另外的问题。他果断地选择了自己的科学创造方针，用自己所领到的微薄

本生灯

的出国费来建立自己的小实验室。

海德堡有制造科学仪器的工厂，有生产化学试剂的工厂。门捷列夫根据自己设计的图样订制或订购了所需要的仪器，把自住的两间房腾出一间做实验室。

门捷列夫非常热情地进行工作。他在自己的实验室里埋头于他所一心向往的研究。他在给学校的信中说到："在国外的大部分时间都用来研究旨在使化学、物理学和力学相结合的专门科学。我确信化学的亲和力与内聚力是一回事；并且我还确信，如果不知道分子内聚力的大小，就不可能完全解决关于化学反应原因的问题，因此，我选择了这个很少有人研究的问题作为我的专业。"

门捷列夫在研究毛细管现象方面完成了精密计划过的实验，并在这些实验中正确地看到了分子之间是具有内聚力的。进行这些研究工作的结果，写成了 3 篇论文——《论液体的毛细管现象》、《论液体和膨涨》和《论同种液体的绝对沸腾温度》。

这些著作的重大意义是无可估量的。当时人们认为气体分为两种：即能够液化的气体和不能够液化的气体（即所谓"永久"的气体）。例如：氧、氮、氢、甲烷、一氧化碳等都是不能浓缩的气体。

门捷列夫根据自己的实验首次指出了这种划分的错误。

门捷列夫在实验十分繁忙的工作中，仍利用业余时间会晤朋友，他在给化学家希什科夫的信中写道："在国外的俄罗斯科学家中我认识了别凯托夫、阿巴谢夫、萨维奇、谢切列夫。这些人，除了阿巴谢夫外，他们都给俄罗斯增添了光荣，和这些人来往是非常愉快的。"

因为他们都非常热爱自己的事业，热爱劳动，这就使他们结成了莫逆之交。这样优秀人物的友谊点缀了他们每个人的生活，使他们每个人的生活更加愉快和丰富了。

1860 年门捷列夫参加了在德国卡尔斯卢厄召开的第一次国际化学家代

表大会，会议上解决了许多重要的化学问题：最终确定了“原子”、“分子”、“当量”、“原子价”等概念，并为测定元素的原子量奠定了坚实的基础，使化学上空笼罩的一片混乱和模糊的阴云逐渐消散。近代原子—分子的统一理论得以确立。通过这次大会，对门捷列夫形成周期律的思想产生了很大的影响。

1861 年 2 月，门捷列夫回到彼得堡。又热情地重新担任起两年以前的大学教授工作，开始讲授有机化学，虽然教学工作十分繁忙，但门捷列夫继续着他的科学研究。

门捷列夫在讲授有机化学课程的同时，感觉到有必要编写一部能够由浅入深，条理井然地阐明世界上最新化学理论成就的教科书。他决定把新的正如他所倡导的“统一的”化学观点作为教科书的基础。

由于门捷列夫夜以继日地在高大的写字台上努力地工作（这张写字台现在摆放在列宁格勒国立大学的门捷列夫陈列室里），仅用了两个月的时间就写出了一本《有机化学》教科书。这是俄国第一本用俄文写的有机化学教科书。这本新著受到了普遍的赞扬。并获得了俄罗斯科学院的季米多夫奖金。

这本书有两个特色：

1. 确定了说明有机化学所积累的广泛资料的新原则：“自然化学系统的基础，应该是它们在化学性质方面的相互联系，而不是一种或是两种物理属性。”这个指导思想使门捷列夫后来在发现周期律的工作中高人一筹。

2. 与当时大多数有机化学教科书不同，它公开反对了流行的“活力论”观点。门捷列夫写道：“每一种生命现象都不是由于什么特殊力量或是什么特殊原因造成的，而是根据大自然的一般规律形成的。”

门捷列夫在进行这些工作时，并没有放弃研究物理化学的基本理论问题，因为这是他一开始研究科学就甚感兴趣的问题。

门捷列夫用了将近一年的时间研究、观察出溶液密度的变化同水中酒精含量的百分比有关。查明当酒精和水的分子比为 1∶3 时，溶液密度最大。于 1865 年答辩通过了博士论文《论酒精和水的结合》。这一发现后来成为溶液水合理论的基础。

门捷列夫写道：“我自己从关于溶液的全部知识中得出的结论是溶剂和溶质的结合是化学性质的。”他所根据的 4 点理由是：

1. 溶液中生成固定组成的化合物；

2. 在很多情况下溶解过程总伴随有化合物所特有的现象；

3. 存在有某些固体结晶化合物；

4. 生成含有结晶水的化合物。

门捷列夫把溶液中的多种化学形式和过程叫缔合作用。

1883 —1887 年，门捷列夫发展了关于溶液、溶液中物质的相互作用，关于形成固定组成化合物学说的基本原理。在这期间，他收集了大量的事实材料并加以系统化，这些材料成为他的专著——《对水溶液比重的研究》(1887 年）一书的根据。

这本书的出版标志着在溶液研究史中揭开新的一页。

优秀的教育家

门捷列夫不仅是一个伟大的科学家，而且是一个出色的教育家，在彼得堡大学讲授化学课程时，深受大学生爱戴。

门捷列夫的学生文贝尔格曾经这样写道：“凡是能够有令人羡慕的机会看见站在讲台上的门捷列夫，听过他讲课或报告的人，清楚地记得当时听众的那异乎寻常的情绪。讲台上站着一个魁伟的，稍微驼背，留着长发的人。他的声音低而有力，言辞充满着热情，非常激动，他好像找不到字眼似的，初次听他讲课的人都会感到发窘，想催促他、暗示他所缺少的字眼，那就是人们所意想不到的、精确简明的借喻字眼，……他始终作为讲课根据的、贯串着包罗万象的公式和深奥无比的那种科学观点的哲学基础令人心神向往。他的讲课经常涉及力学、物理学、天文学、天体物理学、宇宙起源论、气象学、地质学、动植物的生理和农业学的各方面，同时也涉及技术各部门，包括航空和炮兵学。”

我们还可以从拜柯夫院士回忆录的几行文字中，获得学生们对门捷列夫的爱戴和他对青年们的影响的某些概念：

“在门捷列夫开始讲课不久，不仅是他讲课的第七教室，连邻近的其他房间也挤满了各系和各年级许多朝气勃勃和熙熙攘攘的学生，他们按照往年的习惯来听开学的第一次讲课，以便向这位教授、彼得堡大学的骄傲、俄罗斯科学的荣耀——德米特里·依凡诺维奇·门捷列夫表示他们的爱戴和崇敬的感情。我当时也挤在这些激动、兴奋而喜悦的学生当中，我们迫切地期待着门捷列夫的光临。从隔壁的房门直接开向讲台的那个实验标本室里，传来轻轻的脚步声，教室里顿时肃静下来，门捷列夫在门中出现，他身体魁伟，稍稍驼背。他那斑白的长发直垂到两肩，银灰色的长须托着他那副目光闪闪、严肃而纯朴的面孔。当时的情景至今仍历历在目。欢呼声和掌声像春雷一般震天撼地。这简直是一场暴雨，是一阵狂风。全体同学都在高声欢呼，大家都欣喜若狂，每一个人都尽情地表达自己的欢乐情绪。只要看到当时欢迎门捷列夫的这种热烈场面，就会体会到他是一位伟大科学家和伟大人物。他令人神往地影响了所有的人，并吸引了所有接触过他的人的智慧和良心。”

但是，门捷列夫的心灵深处，一点儿也不满足。

门捷列夫讲授普通化学这门课以后，深深感到化学还没有牢固的基础，化学在当时只不过是记述无数的零碎事实和现象而已，甚至连化学最基本的基石——元素学说也还没有一个明确的概念。这种状况对学生掌握这门科学十分不利。

他开始编写一本内容丰富的新著作——《化学原理》。因为有讲课的笔记做初稿，他写起来很方便。很快，大学生们迫切需要的《化学原理》出版了。

这一著作对于门捷列夫发现周期律起了促进作用。《化学原理》一书，是世界上第一个利用周期律把化学知识系统化的尝试。门捷列夫的这部巨著的第一版是在1869 —1871 年出版的。

这部科学巨著——《化学原理》极其完善地描绘出这位科学家和伟大人物门捷列夫本人的形象。门捷列夫满怀着热爱和崇高的心情评论自己的这部著作说：“《化学原理》是我心血的结晶，其中有着我的形象、我的教学经验和我的真实的科学思想。”

门捷列夫在《化学原理》一书结束语中的科学和技术预见充满了对本国人民的崇高信念。门捷列夫写道：“物理和化学将成为像一二百年前经典作家所认为的那样的教育特征和教育方法的时候已经不远了。”

门捷列夫在《化学原理》的序言中这样写道：“依我看来，只有思想和事实相结合，观察和思路相结合，才能在所希望的方面发生作用，否则就会抹煞实际情况，就会以虚构代替实际情况，而虚构正是我在自己的著作中所竭力避免的。”

《化学原理》曾译成许多种文字，并且再版了许多次。

门捷列夫在结论中写道："假如逐渐地把俄罗斯物理学家和化学家征服了的科学领域扩大起来，将来的年轻一代就可以满怀信心地获得一系列的更大的胜利。科学早已不再脱离生活了，并且在它的旗帜上写着：科学的种子是为了人民的收获而生长的。"

《化学原理》一书教育了许多代的化学家、物理学家、工艺学家、医师、农学家，以及各种专业知识的人员。

《化学原理》不止是化学的指南，并且教育青年热爱科学，热爱祖国。号召人们为祖国的利益而工作，不要害怕艰苦的劳动。

对元素周期的研究

《化学原理》一书也不能使门捷列夫很满意，对他来说，化学科学真好像是一片没路的密林。有时候，他真觉得自己是在这片丛林里从一棵树走向另一棵树，只对每一棵，做些个别的描写，而这里的树却有千棵、万棵……

那时候化学家们所知道的元素一共有 63 种。每一种都要和其他物质化合而成几十、几百，甚至几千种化合物：氧化物、盐、酸、碱。化合物里，有气体、液体、固体，其中有的没有颜色，有的闪闪发光；有的硬，有的软；有的苦，有的甜；有的重，有的轻；有的稳定，有的活泼……就没有一种和另一种完全相似。

在理论化学里应指出自然界有多少元素？元素之间有什么不同和存在什么内部联系？应该怎么发现新的元素？对于这些问题，当时的化学界正处在探索阶段。虽然有些化学家，如德贝莱纳和纽兰兹在一定深度和不同角度客观地叙述了元素间的某些联系，但由于他们未将所有元素作为整体来概括，因而未能找到元素的正确分类原则。门捷列夫毫无畏惧地冲进了这个领域，开始了他的探索工作。

门捷列夫不分昼夜地研究着，探求元素的化学特性和它们的一般的原子特性，然后将每个元素记在一张小纸卡上。他欲从元素全部的复杂的特性中，捕捉元素的共同性。但他的研究一次次地失败了。但是，他毫不屈服，坚持下去。

门捷列夫为了彻底解决这一问题，他走出实验室，开始出外考察和整理收集资料。

1859年，他去德国海德堡进行科学深造。两年中，他集中精力研究了物理化学，使他探索元素间内在联系的基础更扎实了。

在1862年，门捷列夫对巴库油田进行了考察，还对液体进行了深入研究，重测了一些元素的原子量，使他对元素的特性有了深刻的了解。

1867年，门捷列夫借应邀参加在法国举行的世界工业展览俄国陈列馆工作的机会，参观和考察了德国、法国、比利时的不少化工厂、实验室，使他大开眼界，丰富知识。

通过这些实践活动，不仅增长门捷列夫认识自然的才干，并且对他发现元素周期律，奠定了坚实的基础。

之后，门捷列夫又返回到实验室，继续研究他的纸卡。他把重新测定过的原子量的元素，按照原子量的大小依次排列起来。他发现性质相似的元素，它们的原子量并不相近；相反，有些性质不同的元素，它们的原子量反而相近。他紧紧抓住元素的原子量与性质之间的相互关系，不断研究。他的脑子因过度紧张，经常晕眩。可他的心血并未白费，1869年终于发现了元素周期律。

当1869年，门捷列夫终于制成了著名的元素周期表时，有几种元素还没有发现，但门捷列夫毫不踌躇地在周期表中为它们留出了空位，随时准备迎接元素家族中的新成员。

在1871年发表的一篇论文中，门捷列夫还大胆地预言了3种未知元素。当时有人认为这是一种狂妄行为，可是在不到17年的时间里，就分别由法国、瑞典和德国的科学家发现了。

门捷列夫发现了元素周期律，在世界上留下了不朽的光荣，人们给他以很高的评价。恩格斯曾经评价他说："门捷列夫不自觉地应用黑格尔的量转化为质的规律，完成了科学上的一个勋业，这个勋业可以和勒维烈计算尚未知道的行星海王星的轨道的勋业居于同等地位。"

婚姻、家庭和日常生活

19世纪70年代，门捷列夫的生活发生了很大的变动。

1862年，门捷列夫和费奥兹娃·尼基季奇娜·列且娃结婚了。她是一位并不聪慧而带神经质的病态妇女，终日锁在家务琐事的狭窄圈子里。

门捷列夫早在最初认识列旦娃的时候，就写信给他姐姐奥丽佳·依凡诺芙娜·巴萨尔金娜说："我越是和我的未婚妻接近，我就越是觉得我对她并没有未婚夫的感情"。

可是她姐姐却对门捷列夫这种感情严加斥责，她写道："你回忆一下伟大的歌德的话，'最大的罪莫过于欺骗姑娘'。你订了婚，成了未婚夫，如果你现在拒绝她，那末她将会处于何种情况呢？"门捷列夫听了姐姐的话。1862 年他们举行了婚礼。但是不出所料，这的确是一件不幸的婚事。

门捷列夫也希望妻子能够理解自己所负担的使命，从而获得友谊的支持。然而，实际上他一个人单独地进行了艰巨的创造工作，并且很痛苦地忍受了孤独的生活。

冲突发生了，这种冲突与其说是门捷列夫和他夫人的私人关系所造成，倒不如说是他与整个宗法环境的冲突所造成的。

1876 年，门捷列夫在自己的姐姐普斯金娜家里，结识了自己外甥女的女友——聪明而有艺术天赋的安娜·依凡诺芙娜·波波娃，进而爱上了她。

但离婚可不是一件轻而易举的事。好不容易经过 4 年的工夫，才获得费奥兹娃·尼基季奇娜的同意，1880 年门捷列夫和安娜·依凡诺芙娜结了婚。

从前一向是很沉寂的门捷列夫的寓所现在变了样。每逢星期五，后来是每逢星期三，先进的俄罗斯艺术家和科学家都到这里聚会。经常到门捷列夫家去的有克拉姆斯柯依、列宾、雅罗申柯、米亚索耶道夫、库英支、瓦斯涅佐夫、苏里科夫、西什金和其他接近"流动展览画家"运动的艺术家们。

门捷列夫家里的"星期三"过得既愉快而又活泼。安娜·依凡诺芙娜在回忆录中写道："这些艺术家们都很喜欢星期三。这里聚集了中立阵地上各个阵营的人们。由于有门捷列夫参加了克制各走极端的僵局，这里可以听到一切艺术新闻。艺术品商店把艺术出版物送给星期三集会来审阅。有时艺术界中的创作家把自己的新创作带来展览。那时，彼得鲁雪夫斯基曾经想要写一本论述颜料的著作，……门捷列夫所创立的气氛，到处都呈现着高尚知识趣味，而没有低级的趣味和诽谤，使星期三变得格外有趣而愉快。"

门捷列夫沉醉于绘画。库英支展览出自己的新画片《第聂伯河上之夜》后，门捷列夫写了一篇评论这幅画的文章《在库英支的画前面》。这位科学家在这篇论文中提出了许多关于艺术的精湛见解。

俄国艺术家们为了尊崇门捷列夫对绘画问题的浓厚兴趣和关怀，并重视他对艺术的赏识，1894 年推选门捷列夫为艺术院院士，以表敬意。

门捷列夫最热爱的主要事业仍然是科学活动。他在家里的时间很少。如果这天没有课，门捷列夫就从清早起，毫不间断地一直工作到下午五点半。

按照习惯他在晚上六点钟进午餐。进餐后，通常就一直继续工作到深夜。这样他日复一日地过着充满劳动，深切关怀各种事物和创造乐趣的生活。

忙碌的晚年

门捷列夫生活上总是以简朴为乐。就连沙皇想接见他，他也事先声明——平时穿什么，接见时就穿什么。对于衣服的式样，他毫不在意，说："我的心思在周期表上，不在衣服上"。他的头发式样也很随便。当时男人流行戴假发，对此，门捷列夫总是摇着头说："我喜欢我的真头发"。

1880 年 11 月 11 日，科学院物理数学部会议进行投票，推选门捷列夫为候选人，但是科学院的多数分子在这次投票中从中作梗，门捷列夫落选了。他遭到了和许多俄国科学家同样的命运——由于统治阶级对外国资本主义思想体系的崇拜，沙皇反动政权残酷扼杀俄国科学界中一切具有生气和富有创造性的人才。

俄国的科学团体和进步团体很清楚地知道门捷列夫是在反动压力下被排挤出科学院的。基辅大学和以基辅大学为榜样的俄国所有其他大学，都选举门捷列夫为自己的名誉院士，以示抗议。

门捷列夫接到选他为基辅大学名誉院士的通知后，他发信给基辅大学校长答谢说："我衷心地向您和基铺大学校委会致以谢忱。我深刻了解这是俄罗斯的荣誉，而不是我个人的荣誉。科学原野上的幼苗，是为了人民的利益而萌芽滋长的"。

俄罗斯科学院的一部分反动势力，并不能削弱门捷列夫世界荣誉的光辉。当时门捷列夫已经获得了世界最古老的大学——剑桥大学、牛津大学等——的学位。像伦敦科学院这样知名的科学院和俄国、西欧及美洲的 50

工作中的门捷列夫

多个科学团体，都选门捷列夫为自己的院士。

在当时的进步刊物上广泛地宣传了“门捷列夫事件”。俄罗斯有机化学家布特列夫在《俄罗斯报》上发表了评论《是俄罗斯的科学院还是皇帝自己的科学院?》他的尖刻言论响彻了全俄。布特列夫写道：“这样一来，俄国化学家就不能掌管科学院，而我却要受从‘遥远的地方’来发号施令的玻恩教授管辖。让他们告诉我，从此以后，我能不能和该不该缄默不言呢?”

1890 年，门捷列夫已经在彼得堡大学工作了 33 年，但他却在这一年，遭受了沉重的打击，被迫离开了彼得堡大学。

门捷列夫非常沉痛地离开了大学。他在33 年当中始终是精神饱满、热情百倍地辛勤工作着，然而却没有受到重视。门捷列夫的一切美好计划和希望都是和这所大学分不开的。这位科学家晚年被迫离开了自己的实验室并与自己的学生离别了。门捷列夫异常悲愤，最初他无论何处都不去，任何人也不见。

但是，像门捷列夫这样的人难道能够长久不做事情吗？不能的。他那充沛的精力，他对祖国的热爱要求他去寻找出路。政府冷酷地对待门捷列夫，但是门捷列夫无论过去、现在和将来都是俄罗斯人民的一个最优秀的儿子。

政府并不能代表俄罗斯。门捷列夫也懂得这一点，尽管受到排斥，但他还要为祖国的利益而工作，因此，他决不肯到外国去，仍留在俄国。

1890 年，海军部，继而陆军部建议门捷列夫制造新型无烟火药。门捷列夫高兴地接受了这项工作。门捷列夫提出，只有“利用俄国的硫铁矿来制造硫酸”，只有在应用国产原料的条件下，才能进行生产新型火药。

1890 —1891 年间，门捷列夫研究出了一种新的无烟火药。他描写这种火药说："这种火棉胶应该认为是一种新的、至今实验中还无人知道的硝化纤维，是含氮约 13 % 的低氮硝化纤维素和含氮约 11 % 的用以封闭小切口的药用火棉胶中间的混合中性物质。"所以门捷列夫把这一类型硝化纤维称做低氮硝化火棉胶。

1892 年，进行了用低氮硝化棉胶火药的第一次试验射击。试验结果，成绩辉煌。门捷列夫所制造的火药能够均匀而迅速地燃烧，大大超过了国外应用的火药。

1894 年，门捷列夫被迫离开海军部，这对门捷列夫又是一个新的打击。门捷列夫离去，严重影响了俄国火药事业的发展。因而在 1914 年世界大战时，俄国不得不向美国订数千吨无烟低氮硝化棉胶火药。

晚年时，门捷列夫的名字是和俄国的度量衡学——研究度量衡和精确测验的科学——的发展密切联系着的。

1893 年，被任命为国家度量衡检定总局局长。为研究精密的度量衡标准器，6 年内完成了别国需要 15 ~ 20 年才能完成的工作。为在全国推行米制做好了准备。

门捷列夫无论做什么事，总是能提出创造性的观点。提出了使煤在地下气化，用管道输往各地的想法。

门捷列夫在他生命的最后几年开始写自传，编制自己著作清单。有时，就在他多年来时断时续的日记中做笔记。

"和我的名字相联系的只有四件事：周期律、气体张力的研究、把溶液理解为缔和以及《化学原理》。这就是我的全部财富。他们不是从别人那里抢来的，而是由我自己创造出来的，这是我的成果，我极为珍视它们，啊，就像珍爱我的孩子一样。

"看来，周期律将来不致遭到破坏，而只会提高和发展，尽管作为一个俄国人，人们，特别是德国人，想把我抹煞。我感到幸福，特别是我对镓和锗的预言，……关于在微小压力下的张力问题，直到现在，虽然已经过了 30 年，人们却很少谈论它。但是，我寄希望于未来。人们将会明白，我所发现的东西，对于了解整个自然界和微观世界既普遍又重要，……看来，对于溶液，人们开始理解，就连奥斯特瓦尔德一派的人也开始正确评价。我这里实在的东西很少。但是，牢固的基础却是明显的。我首先寄希望于美国人，他们在化学方面搞出很多好东西。他们会记起我的……

"这部《原理》是我所喜爱的作品。其中有我的教学方法和经验以及我所倾心的科学思想，在《化学原理》中包含着我的精神力量和我留给孩子们的遗产。在目前印行的第8版中有一些有价值的东西……"

最让人难忘的是，门捷列夫晚年，为了研究日蚀和气象，自费制造探测气球。在当时出版的他的著作中，都附印上这样的说明：此书售后所得款项，作者规定用于制造一个大型气球并全面研究大气上层的气象学现象。

门捷列夫画像

气球制造好之后，原设计坐两人，由于充气不够，只能坐一个人。门捷列夫不顾朋友们的劝阻，毅然跨进气球的吊篮。他年老多病，却不畏高空危险，不怕那里风大、气温低，成功地观察了日食的全过程。

1906年，门捷列夫几乎双目失明了，手也不停地哆嗦，但他还在继续写作。当赶来看望他的姐姐玛丽亚·伊凡诺夫娜·波波娃劝告他休息一下时，他说："对于我来说，最好的休息就是工作。停止工作，我就会烦闷而死"。

门捷列夫就这样工作到生命的最后一息。在他去世前几个小时，他的手里还握着撰写文章的笔。

这位伟大科学家逝世的消息，震惊了整个俄国。葬礼是隆重的。通向沃尔科夫公墓的道路两旁绵延着不尽的人流，在送葬的行列中，高举着一条很大的横幅，上面画着周期表。

结　晶

溶质从溶液中析出的过程，可分为晶核生成（成核）和晶体生长两个阶段，两个阶段的推动力都是溶液的过饱和度（结晶溶液中溶质的浓度超过其饱和溶解度之值）。晶核的生成有3种形式：即初级均相成核、初级非均相成核及二次成核。

延伸阅读

为儿子牺牲自己一切的母亲

门捷列夫的母亲玛丽亚·德米特里耶芙娜，是西伯利亚最早从事造纸与玻璃工业的老资本家柯尔尼列夫家的女儿，是一个意志坚强能干的妇女。当时门捷列夫家是托博利斯克知识界的社交中心，无论是高级官吏，还是十二月党人，各种不同类型的人士都受到他们家的欢迎。

不幸的是，门捷列夫出生不久，父亲因患白内障而失明，不得不退职。微不足道的退休金无法养活一大家人。这个时候，母亲发挥了她的才干，把娘家已陷入危机即将倒闭的玻璃厂接收过来，全家迁至厂区托博利斯克近郊的农村。仗着她的经营才能，母亲不但维持了一家人的生活而有余，甚至还为工人们建立了教会。

1849年，当门捷列夫由中学毕业后，母亲由于相继而来的不幸，身体已经十分衰弱。她经营的工厂，因敌不过竞争对手而面临危机，已衰落到工厂的勤杂工也得由她担任的地步。失明的父亲又因患肺结核于1847年去世。父亲死去的第二年，全家唯一的经济收入来源玻璃厂因失火被烧毁，她的爱女也死去了。但是，她一心向往着至少让末子门捷列夫上大学，希望儿子成为学者的母亲，决心离开家乡迁到城市。

几经波折，最后门捷列夫考入了彼得堡师范学院，并得到政府津贴住宿生的待遇。母亲看到儿子有了着落才放了心，祝福着他的未来而与世长辞了。遗体埋葬在首都郊区瓦尔柯沃墓地。对这位为儿子牺牲了自己一切的母亲，门捷列夫终生怀念着。

1887年，门捷列夫为了纪念母亲，在他写的论溶液的著作中写道："她通过示范进行教育，用爱纠正错误，为了儿子能献身于科学，远离西伯利亚陪伴着他，花掉了最后的钱财，耗掉了最后的精力。临终遗嘱说：'不要欺骗自己，要辛勤地劳动，而不是花言巧语，要耐心地寻求真正的科学真理。’因为她知道，人们应该知道更多的东西，并借助于科学的帮助，不是强迫，而是自愿地去消灭成见和错误，而且可以做到：捍卫已经获得的真理，进一步发展自由，共享幸福和内心的愉快。”

元素周期律的发现

1869 年 2 月，门捷列夫以《根据元素的原子量和化学性质的相似性排列元素体系的尝试》为题发表文章，明确提出了化学元素周期律，即元素的性质随着原子量的递增出现周期性变化的规律。

同年，门捷列夫在《化学原理》这本自己编写的化学教学参考书中，又为化学元素周期律下了一个更加具体而又明确的定义：元素以及元素形成的单质和化合物的性质，周期性地随着它们的原子量而改变。

门捷列夫把自己制作的能反映这种规律的无框架式元素表称为元素体系（表中钇 Y、碘 J、铀 Ur 的化学符号与现在标准符号不同），并详细介绍了自己的具体制作过程。

门捷列夫的无框架式元素表（1869）

			钛 Ti = 50	锆 Zr = 90	? = 180
			钒 V = 51	铌 Nb = 94	钽 Ta = 182
			铬 Cr = 52	钼 Mo = 96	钨 W = 186
			锰 Mn = 55	钌 Ru = 104.4	铂 Pt = 197.4
			铁 Fe = 56	铑 Rh = 104.4	铱 Ir = 198
			镍 Ni = 钴 Co = 59	钯 Pd = 106.6	锇 Os = 199
氢 H = 1			铜 Cu = 63.4	银 Ag = 108	汞 Hg = 200
	铍 Be = 9.4	镁 Mg = 24	锌 Zn = 65.2	镉 Cd = 112	
	硼 B = 11	铝 Al = 27.4	? = 68	铀 Ur = 116	金 Au = 1977
	碳 C = 12	硅 Si = 28	? = 70	锡 Sn = 118	
	氮 N = 14	磷 P = 31	砷 As = 75	锑 Sb = 122	铋 Bi = 210?
	氧 O = 16	硫 S = 32	硒 Se = 79.4	碲 Te = 128?	
	氟 F = 19	氯 Cl = 35.5	溴 Br = 80	碘 J = 127	

锂 Li = 7	钠 Na = 23	钾 K = 39	铷 Rb = 85.4	铯 Cs = 133	铊 Tl = 204
		钙 Ca = 40	锶 Sr = 87.6	钡 Ba = 137	铅 Pb = 207
		? = 45	铈 Ce = 92		
		? 铒 Er = 56	镧 La = 94		
		? 钇 Y = 60	锴 Di = 95		
		? 铟 In = 75.6	钍 Th = 118		

“我最初在这方面所做的尝试是，按原子量从小到大的顺序排列元素，发现它们的性质有着周期性的变化。尤其是它们的化合价，都是从 1 ~7 依次增大，形成典型的算术序列。比如下面两列（门捷列夫所谓的列系指横行）元素：

化合价	1	2	3	4	5	6	7
元素符号及原子量	Li = 7	Be = 9.4	B = 11	C = 12	N = 14	O = 16	F = 19
	Na = 23	Mg = 24	Al = 27.4	Si = 28	P = 31	S = 32	Cl = 35.5

“由于发现凡是化合价相同的元素，它们的性质也非常相似，于是脑海中立即冒出这样一种想法：元素的化学性质是否决定于它们的原子量？可否根据它们的原子量建立元素体系？于是我把所有已知元素的化学符号及其多种性质分别写在每一张卡片上，经过日日夜夜无数次玩扑克牌似的多种排列，又再三进行逻辑思考后认为：原子量是元素唯一的最基本特征。因为只有它不受温度、环境和其他可变因素的影响，并发现根据原子量渐大顺序排列的元素体系，对很多元素都可以有比较全面的认识和相当精确的了解，也有胆量在看来不少需要增加未知元素的地方，为其留下适当数量的空位，甚至有些还可以推测出它们的原子量。”

门捷列夫这张包括锴在内的 63 种元素的元素表，长短不齐地分为 6 个纵行，19 个横行。与欧德林的元素表形式类同，大致上是纵像周期横似族。虽然在形式上他没有用间隔线把表分成几个区域，但从内容上看，此表也分为上中下 3 个区域：

上面 8 个横行，大部分为现代周期表 d 区的副族元素，其中最后的两横行相当于现在的 Ⅰ B 族和 Ⅱ B 族，头前的 6 横行相当于现在的Ⅳ B 族至Ⅷ B 族，只差锰没有独占一行。至于出现了氢、铍、镁 3 个主族元素例外，这跟氢与同一横行的铜、银都属于 Ⅰ 族，铍、镁跟同一横行的锌、镉都属于 Ⅱ 族相关。

下面4个横行，绝大部分为现代周期表*f*区和*d*区的副族元素，仅铟一个主族元素例外；这跟原子量测定得不太精确，或是因循了别人的错误数据，致使铀占了铟的位置相关。

培 根

中间7个横行，大部分为现代周期表*s*区和*p*区的主族元素，除了铅和铊放错了位置，还有*d*区的金和*f*区的铀两个副族元素例外，这跟上面的8横行中，本该下错一行的汞却占了金位，又使金占了铊位相关。

比起欧德林和迈耶，门捷列夫有两大明显的进步：

1. 门捷列夫不仅比前两位收录的元素增加了很多，而且更增加了他俩都避而不录的号称次副族的*f*区的一类元素；

2. 门捷列夫不仅为未知元素留下了空位，而且给出了原子量，让人们更增加了几分可信度。

英国大哲学家培根说："科学就在于用理性的方法去整理感性的材料。"门捷列夫正是在这一点上很下了一番工夫。他充分利用发表论文和著书立说，一再把自己的元素体系及其制作过程从感性认识提高到理性认识，无论涉及什么都能说出个所以然。

比如同年3月，门捷列夫在俄国化学协会第四次会议上，发表《元素性质和原子量的关系》论文时，又阐述了关于元素周期律的4个基本观点。

1. 原子量的大小决定元素的性质。

2. 按原子量由小到大排列起来的元素，化学性质呈现周期性的变化。

3. 根据相邻元素原子量出现太大差值的程度，预言二者之间还有几个未被发现的元素。

4. 某些元素的可疑原子量，能够利用几个邻接元素的原子量进行修正。

不过，门捷列夫的元素表在原子量方面有几个缺点。

1. 为钴和镍、钌和铑两对元素，每对元素都给出了相同的原子量。

2. 钇、铟、镧、铈、铒、铀、钍 7 个元素的原子量，比实值竟然分别相差 28.9 ~ 122！

3. 对原子量与实值相同或基本相符的金和铋两元素，在后面打上了问号；对原子量与实值相差很大的镧、铈、铀三元素，在后面却没有打问号。尤其是碲的原子量比碘大本来是正确的，无论是欧德林、迈耶还是纽兰兹都对此深信不疑，可是门捷列夫则认为这样就违背了他“原子量是元素唯一的最基本特征”和“原子量的大小决定元素性质”的论点，硬是在碲 = 128 的后面打上了问号，认为它们是不听话的元素，出现了“原子量颠倒”问题。

不过，在科学还没有发现核电荷数才是决定元素在周期表中所处位置的唯一参量之前，这种怀疑还是可以理解的，因为原子量与原子序数在多数情况下都是同步增加的。

原子序数

原子序数是指元素在周期表中的序号。数值上等于原子核的核电荷数（即质子数）或中性原子的核外电子数。

原子序数数值上等于原子核的核电荷数（即质子数）或中性原子的核外电子数，例如碳的原子序数是6，它的核电荷数（质子数）或核外电子数也是6。原子序数是一个原子核内质子的数量。拥有同一原子序数的原子属于同一化学元素。原子序数的符号是 Z。

培根简介

弗朗西斯·培根于1561年出生于伦敦一个官宦世家，父亲尼古拉·培根是伊丽莎白女王的掌玺大臣，思想倾向进步，信奉英国国教，反对教皇干涉英国内政；母亲安妮·培根是一位颇有名气的才女，她精通希腊文和拉丁文，是加尔文教派的信徒。良好的家庭教育使培根各方面都表现出异乎寻常的才智。

1573 年，年仅 12 岁的培根被送入剑桥大学三一学院深造，大学中的学习使他对传统观念和信仰产生了怀疑，开始独自思考社会和人生的真谛。

3 年后，培根作为英国驻法大使的随员旅居巴黎。短短两年半的时间里，他几乎走遍里整个法国，这使他接触到不少新的事物，汲取了许多新的思想，并且对其世界观的转变产生了极大的影响。

1582 年，21 岁的培根取得了律师资格，此时，培根在思想上更为成熟了，他决心把脱离实际，脱离自然的一切知识加以改革，并且把经验和实践引入认识论。这是他“复兴科学”的伟大抱负，也是他为之奋斗一生的志向。

1602 年，伊丽莎白去世，詹姆士一世继位。由于培根曾力主苏格兰与英格兰的合并，受到詹姆士的大力赞赏。培根因此平步青云，扶摇直上。1602 年受封为爵士，1604 年被任命为詹姆士的顾问，1607 年被任命为副检察长，1613 年被委任为首席检察官。

1621 年，培根被国会指控贪污受贿，被高级法庭判处罚金 4 万英镑，监禁于伦敦塔内，终生逐出宫廷，不得任议员和官职。虽然后来罚金和监禁皆被豁免，但培根却因此而身败名裂。从此培根不理政事，开始专心从事理论著述。

1626 年 3 月底，培根坐车经过伦敦北郊。当时他正在潜心研究冷热理论及其实际应用问题。当路过一片雪地时，他突然想做一次实验，他宰了一只鸡，把雪填进鸡肚，以便观察冷冻在防腐上的作用。但由于他身体孱弱，经受不住风寒的侵袭，支气管炎复发，病情恶化，于 1626 年 4 月 9 日清晨病逝。

第八族的出现

1871 年，门捷列夫在《化学元素的周期性依赖关系》一文中，继续阐述他元素周期律的论点。除了 1869 年在《元素的性质和质量的关系》一文中已经提到的4条，另外又提出如下3点：

1. 性质相似的元素，它们的原子量或者是大致相同（如锇、铱、铂），或者是有规律地增加（如钾、铷、铯）。

2. 元素按照它们的原子量排成的类（实则为族），是符合它们的化合价的。

3. 自然界分布最多的一些元素，它们不仅都有比较小的原子量，而且具有特别显著的性质。

在这篇论文中，他同时发表了两种形式迥异、内容却完全相同的元素周期表（表中钇Y、碘J、铀Ur的化学符号与现在标准符号不同）。

门捷列夫按族和列设计的元素周期表（1871）

列	Ⅰ族 — R_2O	Ⅱ族 — RO	Ⅲ族 — R_2O_3	Ⅳ族 RH_4 RO_2	Ⅴ族 RH_3 R_2O_5	Ⅵ族 RH_2 RO_3	Ⅶ族 RH R_2O_7	Ⅷ族 — RO_4
1	氢 H = 1							
2	锂 Li = 7	铍 Be = 9.4	硼 B = 11	碳 C = 12	氮 N = 14	氧 O = 16	氟 F = 19	
3	钠 Na = 23	镁 Mg = 24	铝 Al = 27.3	硅 Si = 28	磷 P = 31	硫 S = 32	氯 Cl = 35.5	
4	钾 K = 39	钙 Ca = 40	— = 44	钛 Ti = 48	钒 V = 51	铬 Cr = 52	锰 Mn = 55	铁 钴 镍 铜 Fe = 56 Co = 59 Ni = 59 Cu = 63
5	（铜） （Cu = 63）	锌 Zn = 65	— = 68	— = 72	砷 As = 75	硒 Se = 78	溴 Br = 80	
6	铷 Rb = 85	锶 Sr = 87	钇 ? Y = 88	锆 Zr = 90	铌 Nb = 94	钼 Mo = 96	— = 100	钌 铑 钯 银 Ru = 104 Rh = 104 Pb = 106 Ag = 108
7	（银） （Ag = 108）	镉 Cd = 112	铟 In = 113	锡 Sn = 118	锑 Sb = 122	碲 Te = 125	碘 J = 127	
8	铯 Cs = 133	钡 Ba = 137	镨 ? Di = 138	铈 ? Ce = 140	—	—	—	—
9	（—）	—	—	—	—	—	—	
10	—	—	铒 ? Er = 167	镧 ? La = 139	钽 Ta = 182	钨 W = 184	—	锇 铱 铂 金 Os = 195 Ir = 197 Pt = 198 Au = 199
11	（金） （Au = 199）	汞 Hg = 200	铊 Tl = 204	铅 Pb = 207	铋 Bi = 208	—	—	
12	—	—	—	钍 Th = 231	—	铀 U = 240	—	—

第一种表与1869年的元素表在形式上截然不同，不仅是有框架和无框

架之分，而且更重要的是，由原来的竖像周期片断横做族，改成了横作周期或周期片断竖做族。而且，他第一个在表的最上端用罗马数字明确标出8个族；挨在它下面的两横行，他又第一个分别标出最高气态氢化物和最高成盐氧化物的分子通式。表左侧用阿拉伯数字标出12列，相当于周期或周期的片断。其中1—3列，分别相当于1、2、3周期，4和5列前后连接相当于4周期，6和7列前后连接相当于5周期，8—11列前后连接相当于6周期，12列只相当于7周期的一个片断。

此表可看做现代双族式短周期表的主体部分的一种雏形。

由于连续三年没有发现新元素，他又一直没有获得已经发现铽和氦的信息，虽然该表还是原来的63种元素。但与1869年的元素表相比，却有以下7点大小不同的进步：

1. 正确地标明共有8个族，在多数族中都排进了最高化合价相同的主族和副族两类元素。

2. 让锰从Ⅷ族中独立出去，隶属于Ⅶ族，比过去的自己和当时的迈耶都是一种进步。

3. 由氢和锂共占相当于周期片断的一个竖行，改成了氢独占相当于周期的一个横行（列）。

4. 修正了包括镭和两个未知元素在内的25个元素的原子量，其中钛、钨、铟、铈、铒、钍、铀、铋和Ⅳ族5列的一个未知元素（— =72），都被修正得近乎现代值；钇、钌、铑、铱、锇、镧6个元素，也被修正得接近正确值；铷、锶、铜、锌、硒、碲、铂、金和Ⅲ族4列的一个未知元素（— =44），虽然修正得更加远离正确值，但也出入不大。

5. 把钇、铒、铟、锇、铂、金、汞、铊、铅等曾经“站错队”的元素，都排进了应在族的正确位置。

6. 除增加了一个标有原子量的未知元素（— =100），还以短横的形式增加了命中率较大的28个未知元素。

7. 相同原子量的钴和镍，由原来共占一个位置，改成了各占一个位置，而且排列顺序正确。

但是，有些缺点有的改变不多，有的仍未改变，有的甚至还变得更加严重。共有以下4点：

1. 钴和镍、铑和钌两对相邻元素的原子量仍然相同，只是铑和钌的原子量减少了0.4。

2. 对于碲的原子量，在1869年的表中，他只是对其大于碘的原子量打上一个问号表示怀疑；但在此表中，他却主观臆断地把碲的原子量由原来的比碘大1，改成了比碘小2！

3. 他“修正”一些原子量的手段，不是完全凭借对元素样品提纯后的精确测量，而是常凭自己的老经验，对某些元素的可疑原子量，利用几个邻接元素的原子量进行修正。这导致了他对某些元素的原子量不但没有修正，反而越修越歪。

比如金的原子量197本来是对的，他却“修正”成了199；铂的原子量197.4，本来就比实值195.1大，他却“修正”成198；对缺少正确四邻可供参照的铒和镧，前者修正得比实值大出11，后者修正得比实值大出41。

门捷列夫如果手中有这两种元素提纯后的样品并对其亲自测量的话，就不至于修正后还与实值悬殊到这种程度。而且，正是由于他把镧的原子量由94“修正”到180才强行赶走了那个原子量180的未知元素而迁居于此。但镧放在这里则是格格不入的，不仅原子量相去甚远，而且该处所在族元素的最高化合价均为+4价，而镧的化合价只有一个+3价。

4. 对同一纵行中主副族元素的安排，他不是把二者一左一右地分开，而是完全按照各元素所在横行（列）的序号，奇数者一律靠右，偶数者一律靠左。致使主副族的秩序比较混乱。这比起1869年迈耶制作的双族式元素表来，是一种明显的退步。

虽然从现在看，按照价层电子构型，应该将铜、银、金这3个Ⅰ B族的元素理直气壮地排到Ⅰ族中去，却让它们堂而皇之地排在了Ⅷ族，而在Ⅰ族中则让它们羞羞答答地躲进了小括弧里，好像不好理解。

但是在当时，这完全符合门捷列夫将元素按化合价分族的原则。因为Ⅰ族元素的化合价应该一律为+1，Ⅷ族元素的最高化合价虽然有的是+8或+6，但也有的是+5或+4，而铜、银、金的最高化合价分别为+4、+3和+5，显然它们与Ⅷ族比较接近，与Ⅰ族距离较大。不过，这比起迈耶在1869年制作的双族式元素表来，也是一种很大的退步。

第二种表在形式上与他1869年的元素表大致相同（见下表），除了把原来的六纵行改成了八纵行，又从左侧两纵行元素中减去一个钠，并在两纵行的上方标出了“典型元素”（这就是他在论文中提到的那些原子量比较小，理化性质却特别显著的元素）一个类别。

门捷列夫的无框架式元素表（1871）

			钾 K = 39	铷 Rb = 85	铯 Cs = 133	—	—
			钙 Ca = 40	锶 Sr = 87	钡 Ba = 137	—	—
			—	钇 Y = 88?	锚 Di = 138?	铒 Er = 178?	—
			钛 Ti = 48	锆 Zr = 90	铈 Ce = 140?	镧 La = 180?	钍 Th = 231
			钒 V = 51	铌 Nb = 94	—	钽 Ta = 182	—
			铬 Cr = 52	钼 Mo = 96	—	钨 W = 184	铀 U = 240
			锰 Mn = 55	—	—	—	—
			铁 Fe = 56	钌 Ru = 104	—	锇 Os = 195?	—
			钴 Co = 59	铑 Rh = 104	铱 Ir = 197	—	
典型元素		镍 Ni = 59	钯 Pd = 106	—	铂 Pt = 198?	—	
氢 H = 1	锂 Li = 7	钠 Na = 23	铜 Cu = 63	银 Ag = 108	—	金 Au = 199?	—
	铍 Be = 9.4	镁 Mg = 24	锌 Zn = 65	镉 Cd = 112	—	汞 Hg = 200	—
	硼 B = 11	铝 Al = 27.3	—	铟 In = 113	—	铊 Tl = 204	—
	碳 C = 12	硅 Si = 28	—	锡 Sn = 118	—	铅 Pb = 207	—
	氮 N = 14	磷 P = 31	砷 As = 75	锑 Sb = 122	—	铋 Bi = 208	—
	氧 O = 16	硫 S = 32	硒 Se = 78	碲 Te = 125?	—	—	
	氟 F = 19	氯 Cl = 35.5	溴 Br = 80	碘 J = 127			

作为与前内容完全相同的表，前表具有的优点和缺点，它也同样存在。作为与1869年形式相同的表，它的最大改进之处，不是在两个短纵行上面增加了“典型元素”一个类别名称，而是将长纵行原来由ⅣB族打头改成了由ⅠA族打头，并依次增加了ⅡA族和ⅢB族的元素。

不过，由于镧、铈、铒位置的安排失当，又多安插了一个假元素锚，致使铈以下多安插了全部没用的13个未知元素的空位，所以又使钽以下元素均错误地向右移动了一个纵行而与应在周期不符，还使放在第8纵行的钍和铀，也不便说成是第7周期成员。

尽管如此，门捷列夫在一年内推出两种形式的元素表，并对1869年表进行了多方面的改进，他这种不怕出错，在形式和内容上都力求大幅度前进的勇敢探索精神，是非常难能可贵的。

金属元素钍

钍：元素符号Th，元素中文名称钍，元素英文名称Thorium。原子序数90，原子量232.038 1，元素类型为金属，是天然放射性元素。核内质子数90，核外电子数90，核电核数90，质子质量1.505 7E－25，质子相对质量90.63，所属周期为7，所属族数为ⅢB。

金属元素之最

1. 地壳中含量最多的金属是铝，为7.73%。以目前的速度，可开采15万年。

2. 地壳中含量最少的金属是钫，即使是在含量最高的矿石中，每吨也只有0.000 000 000 003 7克。

3. 世界上最轻的金属是锂，密度只有水的一半。

4. 世界上最硬的金属是铬，仅次于金刚石。

5. 世界上最软的金属是铯，莫氏硬度：0.2。

6. 世界上延展性最好的金属是金。

7. 世界上熔点最高的金属是钨，为3 410℃。

8. 世界上熔点最低的金属是汞，为－39.3℃。

9. 世界上最贵的金属是锎，每克1 000万美元，比金贵50多万倍。

门捷列夫预言的应验

1871年，门捷列夫在《元素的自然体系和运用它指明某些元素的性质》这篇论文中，针对他的八族元素表指出："在第三族和第五列的交叉点上，横排紧挨在锌的后面，应该具有一个原子量约为68的金属元素。因为该元素在纵行的同一侧紧挨在铝的下面，权且把它称之为类铝，符号用Ea表示（其中大写字母E代表类似，后面小写字母a代表铝元素符号中的第一个大写字母A）。它比铝具有较大的挥发性，有希望在光谱分析中被发现"。

在这篇论文中同时预言的，还有类硼（—=44）、类硅（—=72）和类锰（—=100），它们的符号分别用Eb、Es、Em表示（每个符号的意义均如类铝）。而且，他也对这3种未知元素的不少理化性质都做了比较具体的说明。

然而，门捷列夫这篇具有高度预见性的科学论文，当时不但没有得到世人的称赞，反而遭到了不少业内人士的冷嘲热讽。他们认为这纯属荒唐，有些科学家费九牛二虎之力才发现一两种元素，而且都是取得样品并再三提纯、仔细测量和认真实验之后，才能说出它们的性质，而捷列夫只凭文字分析、简单推理和笔头演算就妄言未知元素的性质，岂不是痴人说梦？以至于连门捷列夫的老师齐宁都劝他莫再想入非非、不务正业，要踏踏实实地多做些针对实物的研究工作。

不过，是金子总会发光的。幸运之神很快就光顾到了门捷列夫身上。

1875年9月20日，法国科学院首先传来了喜讯：化学家布瓦博德朗在与铟共生的闪锌矿中，发现了一种和铝性质相似的新元素，命名为镓，并披露了它的一些基本性质。

门捷列夫获悉后十分高兴，觉得多方面都跟自己预言的类铝性质符合得很好，只有密度一项差别比较大。于是，他在向布瓦博德朗寄发的祝贺信中说："你发现的镓，就是我在4年前预言的类铝。它的密度不应该是4.7，而应该在5.9~6.0之间。估计你的样品可能不太纯，请您重新提纯后再测量一下。"

开始，布瓦博德朗颇感不以为然，但是冷静思考之后，还是按门捷列夫的话去做了。结果，再测得的密度为5.941，果然落在了5.9~6.0之间。这时他对门捷列夫又是惊奇又是赞叹，佩服不已，于是马上回信也向门捷列夫表示祝贺。并说"镓元素的发现，为阁下的元素周期律提供了最好的验证"。

那么，门捷列夫预言的类铝性质与布瓦博德朗发现的镓性质，二者的全部情况到底符合得怎样呢？请看下表。

类铝与镓的性质比较

类铝（Ea）性质	镓（Ga）性质
1. 原子量68	1. 原子量69.72
2. 金属密度5.9～6.0	2. 金属密度5.941
3. 单质具有较低的熔点	3. 单质熔点为29.75℃
4. 常温下在空气中不氧化	4. 加温至红热时缓慢氧化
5. 能使沸腾的水分解	5. 高温下使水分解
6. 能生成矾，但不如铝那样容易	6. 形成分子式为 $NH_4Ga(SO_4)_2 \cdot 12H_2O$ 的矾
7. 三氧化物很容易还原成金属	7. 三氧化镓在氢气流中可还原成金属镓
8. 比铝更容易挥发，可望在光谱分析中发现	8. 镓是用光谱分析发现的

消息一传开，引起了整个学术界的轰动。昔日销路不畅的门捷列夫元素周期表和有关论文，在整个欧洲一下子变成了供不应求的抢手货。尤其是在当时的化学界，人人都以先睹为快。

在门捷列夫的《元素的自然体系和运用它指明某些元素的性质》发表8年后，又一个新发现的元素来为他的预言作证。

1879年，瑞典化学家尼尔松发现钪并测出它的性质后，马上就意识到这就是门捷列夫预言的类硼。于是在关于发现钪的报道中说：“毫无疑问，俄国化学家的见解如此明显地被证实了。门捷列夫不仅预言了他命名的元素的存在，还预先列举了它们的性质。”

尼尔松为什么对这位俄国化学家如此心悦诚服呢？看过下表就可知道二者性质相符到何种程度。

类硼和钪的性质比较

类硼（Eb）性质	钪（Sc）性质
1. 原子量约 44	1. 原子量 43.79
2. 密度约 3.0	2. 密度 3.0
3. 金属不挥发	3. 金属挥发性差
4. 高温下使水分解	4. 沸腾时使水分解
5. 形成碱性氧化物 Eb_2O_3	5. 形成碱性氧化物 Sc_2O_3
6. Eb_2O_3 的密度约为 3.5，不溶于水	6. Sc_2O_3 的密度 3.864，不溶于水
7. Eb_2O_3 很难形成硫酸盐	7. Sc_2O_3 能形成复盐 $3K_2SO_4 \cdot Sc_2(SO_4)_3$

门捷列夫预言的第三次应验是在 1886 年，德国分析化学家温克列尔发现锗并测出了它的一些基本性质。因与门捷列夫预言的类硅符合得很好，他便充满敬意地立即致信说："为您天才工作的又一次胜利向您祝贺。锗的发现又一次证明了您关于元素周期律学说的完全无误，它辉煌地扩大了化学的眼界，它使人们在认识领域内向前迈出了伟大的一步"。

门捷列夫预言的类硅性质与锗符合的情况，请看下表。

类硅与锗的性质比较

类硅（Es）性质	锗（Ge）性质
1. 原子量约 72	1. 原子量 72.6
2. 密度 5.5	2. 在 200℃密度 5.35
3. 是易熔性金属，在强热下挥发	3. 金属在 960℃左右熔化，在更高温度时挥发
4. EsO_2 密度约 4.7	4. GeO_2 18℃时密度 4.703，为两性
5. $EsCl_4$ 密度接近 1.9，应为液体，约在 90℃沸腾	5. $GeCl_4$ 18℃时密度 1.88，液体在 83℃时沸腾
6. 存在不稳定的氢化物	6. 有容易分解的四氢化锗 GeH_4
7. 存在有机金属化合物	7. $Ge(C_2H_5)_4$ 为有机锗化物

门捷列夫在 1871 年预言的 4 种未知元素，在 15 年内被一而再、再而三地连续证实了，并且预言的性质与新元素的实测性质都符合得很好，很快就得到了全世界的普遍承认。

门捷列夫的朋友、俄罗斯化学家济宁曾经婉转地劝告门捷列夫放弃化学元素周期律的研究工作，认为是“毫无结果的”，应当去干“正事”。但到这时他对门捷列夫说：

“德米特里·伊凡诺维奇（门捷列夫名），您可别生气啊！我们是老一辈的人了。过去和现在对我们来说最重要的是制取新的物质和研究它们的性质。人们创造了许多理论，可是被推翻了的有多少啊！所以我们习惯于怀疑一切新的理论。但是周期律却完全是另一码事。它使您声名显赫，俄罗斯的科学也和您一起扬名全世界。当人们想到这是自己同胞的功绩时，该是多么高兴啊！”

门捷列夫自己也没有料到在他生前，他的预言都一一证实了。他表示：“现在我可以大胆而自豪地说，周期律是普遍适用的。”

此后欧洲各大学和科学院纷纷授予门捷列夫各种荣誉称号，邀请他发表演讲。

居里夫人

1889年门捷列夫应邀参加英国伦敦化学会举办的法拉第讲演会。在会议讨论关于元素周期律时，门捷列夫说：

“我再一次预言某些新元素的存在，但是这一次并不像预言前几个元素（指类铝、类硼和类硅）那样有把握。我虽然可以举出一个实际的例子来说明它的存在。但一直到目前为止，我对这个新元素的了解还不够透彻。在元素周期表的第六周期的元素中，包括汞（原子量204）、铅（原子量206）和铋（原子量208）。我们可以这样猜测，就在第六周期元素铋的后面以及第五周期元素碲的下面，存在着一个未知的元素，我们不妨把这个未知的元素叫做 dvitellurium（次碲），并且以 Dt 作为它的元素符号。

“如果这个元素确实存在，它的原子量将是212，它的单质状态应该是一种易熔的、结晶状的和不挥发的灰色金属，这种金属的密度是9.3。

“这个元素能形成二氧化物 DtO_2，它的碱性和酸性都很弱，而且两者几乎是等同的。二氧化物经过激烈的氧化作用后，就被氧化生成不稳定的高价氧化物 DtO_3，它的性质与二氧化铅和五氧化二铋 Bi_2O_3 相似。假如有可能存在次碲的氢化物，它将是一种比碲化氢 H_2Te 更不稳定的化合物。另外，次碲的化合物很容易被还原，并能与其他金属组成特定组成的合金。”

到 1898 年居里夫人发现了第一个放射性元素，为了纪念她的祖国波兰 Poland，命名它为 Polonium（钋），元素符号定为 Po。就钋在元素周期表中的位置看，正是次碲。钋是一种金属导体，易熔（熔点是 254℃），不易挥发（沸点 962℃）。不稳定的高价氧化物 PoO_3 至今未被发现，但是已经得到的二氧化物 PoO_2 的确如门捷列夫描述的那样，具有明显的两性，并能形成氢氧化物 $Po(OH)_4$ 和分子式为 PoX_4 的卤化物。

至于极不稳定的氢化物 H_2Po 是否存在，还有待进一步研究，钋的放射性是门捷列夫无法预言的。

密　度

物体的重量与其体积的比值。有些国家是把密度规定为干燥物体完全密实（没有孔隙）的重量和同体积的纯水在 4℃ 时的重量之比。例如金子的密度是 19.3，水银的密度是 13.55。

受到后人尊重的居里夫人

玛丽·居里，后人尊称为居里夫人，世界著名科学家，研究放射性现象，发现镭和钋（pō）两种天然放射性元素，一生两度获诺贝尔奖（第一次获得诺贝尔物理学奖，第二次获得诺贝尔化学奖）。用了好几年在研究镭的过程中。作为杰出科学家，居里夫人有一般科学家所没有的社会影响。尤其因为是成功女性的先驱，她的典范激励了很多人。

爱因斯坦在《悼念玛丽·居里》中写到："在像居里夫人这样一位崇高人物结束她的一生的时候，我们不能仅仅满足于只回忆她的工作成果和对人类已经作出的贡献。第一流人物对于时代和历史进程的意义，在道德品质方面，也许比单纯的才智成就方面还要大，即使是后者，它们取决于品格的程度，也许超过通常所认为的那样。"

"我幸运地同居里夫人有20年崇高而真挚的友谊。我对她的人格的伟大愈来愈感到钦佩。她的坚强，她的意志的纯洁，她的律己之严，她的客观，她的公正不阿的判断——所有这一切都难得地集中在一个人身上。她在任何时候都意识到自己是社会的公仆，她的极端谦虚，永远不给自满留下任何余地。由于社会的严酷和不公平，她的心情总是抑郁的。这就使得她具有那严肃的外貌，很容易使那些不接近她的人发生误解——这是一种无法用任何艺术气质来解脱的少见的严肃性。一旦她认识到某一条道路是正确的，她就毫不妥协地并且极端顽强地坚持走下去。"

门捷列夫改进元素周期表

1879 年，在没有得知尼尔松发现钪之前，门捷列夫修改了他在 1871 年制作的第二种元素表。此表只增加了自己预言的类铝——镓，仍没有再补充别的新发现元素——氦和铽，但在形式上做了两方面较大的改动（表中钇 Y、碘 J、铀 Ur 的化学符号与现在标准符号不同）。

1. 把 1871 年无框架式周期表的纵似周期横做族，改成了横似周期纵做族。整个表由纵式基本上变成了横式，只是高居于右上角的 9 个"典型元素"不太协调。但是，它比起前一种表来却有了很大的进步，如果说彼表是进入现代单族式长周期表的一种胚胎阶段的话，那么此表就已经具有了现代单族式长周期表的一种雏形。只要在此基础上再将典型元素的Ⅰ族成员移至偶数元素Ⅰ族成员上方，把典型元素Ⅱ族的铍和奇数元素Ⅱ族的镁，一同移至偶数元素Ⅱ族成员的上方，那么，就展现出了现代单族式长周期表主体部分的大致轮廓。只不过有几个 f 区元素，根据化合价的对应情况，还分别杂居于偶数元素的Ⅲ族、Ⅳ族和Ⅵ族之中而已。

门捷列夫的无框架式元素表（1879）

										典型元素						
										I	II	III	IV	V	VI	VII
										氢 H						
										锂 Li	铍 Be	硼 B	碳 C	氮 N	氧 O	氟 F
										钠 Na						
偶数元素							VIII			奇数元素						
I	II	III	IV	V	VI	VII				I	II	III	IV	V	VI	VII
										—	—	—	—	—	—	—
—	—	—	—	—	—	—				—	镁 Mg	铝 Al	硅 Si	磷 P	硫 S	氯 Cl
钾 K	钙 Ca	—	钛 Ti	钒 V	铬 Cr	锰 Mn	铁 Fe	钴 Co	镍 Ni	铜 Cu	锌 Zn	镓 Ga	—	砷 As	硒 Se	溴 Br
铷 Rb	锶 Sr	钇 Y	锆 Zr	铌 Nb	钼 Mo	—	钌 Ru	铑 Rh	钯 Pd	银 Ag	镉 Cd	铟 In	锡 Sn	锑 Sb	碲 Te	碘 J
铯 Cs	钡 Ba	镧 La	铈 Ce	—	—	—	—	—	—	—	—	—	—	—	—	—
—	—	铒 Er	锚 Di?	钽 Ta	钨 W	—	锇 Os	铱 Ir	铂 Pt	金 Au	汞 Hg	铊 Tl	铅 Pb	铋 Bi	—	—
—	—	—	钍 Th	—	铀 U	—	—	—	—	—	—	—	—	—	—	—

2. 将原来全表只分为典型元素和非典型元素两部分，改成了典型元素、奇数元素、偶数元素和Ⅷ族4部分；而且又让前三部分各包括7个族，还在典型元素中增加了一个钠。

所谓奇数元素和偶数元素中的“奇”和“偶”，既非现代元素表中周期数的单与双，又不是原子序数的单与双，而是1871年门捷列夫第一种元素表中“列”之序数的单与双。凡居于单数列者就是奇数元素，凡居于双数列者就是偶数元素。这对于元素周期表的发展并没有起到什么积极的作用，只不过是门捷列夫在元素周期表的创立上长期进行多种探索的一段历史轨迹。

该表的最大缺点就是以短横形式给未知元素留下的空位过滥，至少奇、偶元素上面留的15个空位和中间相连续的13个空位都是永远没有主人入住的“闲宅”。这比起他当年给出原子量的4个未知元素100 %的正确来，构成了十分显著的反差。

门捷列夫在1895年担任国家度量衡局局长之后，依然一如既往地对化学元素周期表的成长竭心尽力，在全世界共发现了83种元素的1906年，他在《化学原理》一书第8版中又像1871年那样，制作了两种形式不同的元素周期表。其中A表是有框架的表格，题名为《元素按族和类的周期系》；B表是无框架的散表，题名为《化学元素和它们原子量的周期性》（表中钇Y、碘J、铀Ur的化学符号与现在标准符号不同）。

元素按族和类的周期系

列	元素族								
	0	Ⅰ	Ⅱ	Ⅲ	Ⅳ	Ⅴ	Ⅵ	Ⅶ	Ⅷ
1	—	氢 H=1.008	—	—	—	—	—	—	
2	氦 He=4.0	锂 Li=7.03	铍 Be=9.1	硼 B=11.0	碳 C=12.0	氮 N=14.01	氧 O=16.00	氟 F=19.0	
3	氖 Ne=19.9	钠 Na=23.05	镁 Mg=24.36	铝 Al=27.1	硅 Si=28.2	磷 P=31.0	硫 S=32.06	氯 Cl=35.45	
4	氩 Ar=38	钾 K=39.15	钙 Ca=40.1	钪 Sc=44.1	钛 Ti=48.1	钒 V=51.2	铬 Cr=52.1	锰 Mn=55.0	铁 钴 镍 (铜) Fe=55.9 Co=59 Ni=59 (Cu)
5		铜 Cu=63.6	锌 Zn=65.4	镓 Ga=70.0	锗 Ge=72.5	砷 As=75	硒 Se=79.2	溴 Br=79.25	
6	氪 Kr=81.8	铷 Rb=85.5	锶 Sr=87.6	钇 Y=89.0	锆 Zr=90.6	铌 Nb=94.0	钼 Mo=96.0	—	钌 铑 钯 (银) Ru=101.7 Rh=103.0 Pd=105.5 (Ag)
7		银 Ag=107.93	镉 Cd=112.4	铟 In=115.0	锡 Sn=119.0	锑 Sb=120.2	碲 Te=127	碘 J=127	
8	氙 Xe=128	铯 Cs=132.9	钡 Ba=137.4	镧 La=138.9	铈 Ce=140.2	—	—	—	—
9		—	—	—	—	—	—	—	
10	—	—	—	镱 Yb=173	—	钽 Ta=183	钨 W=184	—	锇 铱 铂 (金) Os=191 Ir=193 Pt=194.8 (Au)
11		金 Au=197.2	汞 Hg=200.0	铊 Tl=204.1	铅 Pb=206.9	铋 Bi=208.5			
12	—	—	镭 Ra=225	—	钍 Th=232.5	—	铀 U=238.5		
	最高成盐氧化物								
	R	R_2O	RO	R_2O_3	RO_2	R_2O_5	RO_3	R_2O_7	RO_4
	最高气态氢化物								
					RH_4	RH_3	RH_2	RH	

门捷列夫对元素周期表形式的关注，主要表现在族和列的安排，以及元素的其他分类和附加成分上。其表现既有积极探索、勇于创新的一面，又有故步自封、裹足不前的一面。

门捷列夫的有框架式周期表，1871 年表和 1906 年表大致上都是横似周期纵做族的双族式短周期表的主体部分。二者最大的不同有三：

1. 后表除在左侧安排了新增加的一个零族，就是把前表安排在Ⅰ、Ⅷ两个族中的Ⅰ B 族成员调换了一下形式，由原来Ⅰ族中的铜、银、金用小括弧括起来，改变成把Ⅷ族中的铜、银、金用小括弧括起来；

2. 把各族的最高成盐氧化物和最高气态氢化物的分子通式，从表的上面移到了表的下面。

3. 由每列各占一个横行，改成了除 12 列仍为一列一横行外，其余都是 2～3 列共占一个横行。

这就造成了列之内容和归属上的混乱现象：把仍为周期片断的 12 列，内含 4 周期元素的 4、5 列和内含 5 周期元素的 6、7 列均各放进一个横行；把内含 6 周期元素的 8～11 列由 4 横行变成两横行，但把每列各为一个周期的1～3 列却全放在一个大横行内。

门捷列夫的无框架式周期表，1871 年表和 1906 年表大致上都是纵似周期横做族的单族式竖向长周期表的主体部分。二者的最大不同，后者除在上下方都安排了一个新增加的零族外，就是又将前表中非典型元素分为两类：Ⅷ族和上面的Ⅰ至Ⅶ族的全部成员以及零族的部分成员，都被命名为偶数列元素，铜、银、金以下都被命名为奇数列元素。

在两种形式的表中，1906 年表均与 1871 年表一样，仍然还将镧、锕二系部分成员混杂在偶数列元素的Ⅲ、Ⅳ、Ⅵ族之内。显然，这与自己 35 年前的表比起来还只是没有进步。

对于新增零族的安排，还停留在 1896 年拉姆塞根据卤素族和碱金属族相邻元素之间原子量的差值，比一般相邻元素大而预言和安置惰性气体族的水平。既将零族放在最轻典型元素和偶数列元素的上面，又将零族放在最轻典型元素和奇数列元素的下面。

门捷列夫对于元素周期表的内容的关注，主要反映在元素的多少，尤其是在决定元素在周期表中能否居于正确位置的原子量上，其表现既有不断修正、精益求精的一面，又有作茧自缚、思想僵化的一面。

化学元素和它们原子量的周期性

最高成盐氧化物	族	偶数列元素				
O	O	氩 Ar=38	氪 Kr=81.8	氙 Xe=128	—	—
R_2O	I	钾 K=39.15	铷 Rb=85.5	铯 Cs=132.9	—	—
RO	II	钙 Ca=40.1	锶 Sr=87.6	钡 Ba=137.4	—	镭 Ra=225
R_2O_3	III	钪 Sc=44.1	钇 Y=89.0	镧 La=138.9	镱 Yb=173	—
RO_2	IV	钛 Ti=48.1	锆 Zr=90.6	铈 Ce=140.2[*5]	—	钍 Th=232.5
R_2O_5	V	钒 V=51.2	铌 Nb=94.0	—	钽 Ta=183	—
RO_3	VI	铬 Cr=52.1	钼 Mo=96.0	—	钨 W=184	铀 U=238.5
R_2O_7	VII	锰 Mn=55.5	?=99[*3]	—	—	
	VIII	铁 Fe=55.9	钌 Ru=101.7	—	锇 Os=191	
		钴 Co=59.0	铑 Rh=103.0	—	铱 Ir=193	
		镍 Ni=59.0[*2]	钯 Pd=106.5	—	铂 Pt=194.8	

最高气态氢化物	最高成盐氧化物	族		最轻典型元素		奇数列元素			
	O	O		氦 He=4.0	氖 Ne=19.9				
	R_2O	I	氢 H=1.008	锂 Li=7.03	钠 Na=23.05	铜 Cu=63.6	银 Ag=107.9	—	金 Au=197.2
	RO	II		铍 Be=9.1	镁 Mg=24.36	锌 Zn=65.4	镉 Cd=112.4	—	汞 Hg=200.0
	R_2O_3	III		硼 B=11.0	铝 Al=27.1	镓 Ga=70.0	铟 In=115.0	—	铊 Tl=204.1
RH_4	RO_2	IV		碳 C=12.0	硅 Si=28.2	锗 Ge=72.5	锡 Sn=119.0	—	铅 Pb=206.9
RH_3	R_2O_5	V		氮 N=14.01	磷 P=31.0	砷 As=75.0	锑 Sb=120.2	—	铋 Bi=208.5
RH_2	RO_3	VI		氧 O=16.00	硫 S=32.06	硒 Se=79.2	碲 Te=127	—	—
RH	R_2O_7	VII		氟 F=19.0	氯 Cl=35.45	溴 Br=79.95	碘 J=127[*4]	—	—
O	O	O	氦 He=4.0	氖 Ne=19.9	氩 Ar=38[*1]	氪 Kr=81.8	氙 Xe=128	—	—

1906 年两种表的内容是一样的，均收录了 71 种元素。它们与 1871 年两种表的最大不同，在元素成员上，除增加了一个零族和钪、镓、锗、镭

4 元素，取消了一个早在 1879 年至 1885 年就一再解体而寿终正寝的假元素锚；还莫名其妙地取消了一个在他 1869 年表、1871 年表和 1879 年表上都占有一席之地的真元素铒；并且，在有框架周期表上，氢右侧增加的未知元素是错的；铋后和铀后删去未知元素也是错的。

但令人欣喜的是，门捷列夫彻底改变了那种惯于凭借邻近元素修正原子量的做法，而是利用自己长期任职度量衡局局长的有利条件，借助当时的先进仪器亲自进行操作，对 1871 年表上剩下的 61 种元素一一进行原子量盘查。

门捷列夫认真仔细地修正了其中的 48 种，其中有 38 种元素（包括原子量定为 100 的那个未知元素在内）修正得更加接近正确，而且大多数都精确到了小数点后第二位；就是少数被修正得偏离正确值者，除钽一个元素差值大于 2 外，其余者差值也只是在小数点后的一两位上。

金属元素钽

钽，金属元素，主要存在于钽铁矿中，同铌共生。钽的质地十分坚硬，钽富有延展性，可以拉成细丝或制薄箔。其热膨胀系数很小。钽有非常出色的化学性质，具有极高的抗腐蚀性。无论是在冷和热的条件下，对盐酸、浓硝酸及“王水”都不反应。可用来制造蒸发器皿等，也可做电子管的电极、整流器、电解、电容。医疗上用来制成薄片或细线，缝补破坏的组织。

分散元素与元素周期表

分散元素是指在自然界呈分散状态存在的元素。

它们或不存在自己的独立矿物；或有少量独立矿物，但含量小，工业上没有实际意义，如镓、铟、锗、硒、铊、铷、铪、铼等元素，对他们的工业获取主要靠其他矿产品选冶时回收。分散元素在地壳中丰度普遍较低，由于这种低含量和其高度分散性，导致其形成独立矿床的概率很低，因此，人们通常认为分散元素不能形成独立矿床，它们只能以伴生元素的方式存在于其他元素的矿床内。

分散元素在周期表中的位置与铜、铅、金、镊、汞、砷、锑、钴等左右对称斜角邻近。它具有较强的亲硫性，又由于在周期表中，稼、锗、镉与铝、铜、硅等相邻所体现出的特性，因此它也具有亲石性。在两重性中的侧重性更为亲硫，以致它们很少呈独立矿物存在，而多数均在黄铁矿、黄铜矿、方铅矿、闪锌矿、辉锑矿、辉钴矿、辉银矿和辉钼矿等矿物的晶格中，这就决定了它们在地壳中的聚集与有色重金属硫化物的富集条件有一致性和明显的倾向性。

另一方面，分散元素在周期表上旁近卤族，因此它也具有较好的卤络倾向。金属卤化络合物在热液中有搬运金属的作用，在低温热液成矿中，金属与硫、氧结合时，置换出的卤离子则分散在周围的岩石中。

当围岩及金属硫化物水蚀、风化、氧化后，金属离子又可与卤离子结合为卤络离子，形成复杂的卤化络合物迁移，这时受水溶介质和卤化介质影响的分散元素，也可呈各种水化、卤化的复合离子而被带到地表，渗透或气化而上升到地表土层中。

元素周期律走向世界

1869 年，门捷列夫在《俄罗斯化学会会志》中发表的《元素性质与原子量之间的关系》很快在德国《化学杂志》中出现，1871 年发表的《元素的自然体系和应用它预言未发现元素的性质》在 1872 年就出现在德国出版的《化学年鉴》中，因此德国化学家们很早就知道了门捷列夫的关于化学元素周期律的研究。

化学元素周期律在英国出现也不晚，1877 年英国化学家罗斯科和在英国学习和工作的德国化学家肖莱马合著的《化学教科书》出版，首先提到门捷列夫的化学元素周期律。同年 7 月英国出版的《科学杂志季刊》中也出现了门捷列夫的元素周期律。到 1879 年，英国杂志《化学新闻》又发表了门捷列夫在 1871 年发表的文章。

THE PERIODICITY OF THE ELEMENTS

The Elements	Their Properties in the Free State				The Composition of the Hydrogen and Organo-metallic Compounds	Symbols and Atomic Weights		The Composition of the Saline Oxides	The Properties of the Saline Oxides				Small Periods or Series
	t	a	d	$\frac{A}{d}$	RH_m or $R(CH_3)_m$	R	A	R_2O_n		d'	$\frac{(2A+n'16)}{d'}$	V	
	[1]	[2]	[3]	[4]	[5]	[6]		[7]		[8]	[9]	[10]	[11]
Hydrogen	<-200°	—	<0·05>	20	m = 1	H	1	1 = n		0·917	19·6	<-20	1
Lithium	180°	—	0·59	12		Li	7	1†		2·0	15	- 9	2
Beryllium	(900°)	—	1·64	5·5		Be	9	— 2		3·06	16·3	+ 2·6	
Boron	(1300°)	—	2·5	4·4	3 — —	B	11	— — 3		1·8	39	10	
Carbon	>(2500°)	—	<2·0 >	6	4 — — —	C	12	— — — 4		>1·0	<88	<19	
Nitrogen	-203°	—	<0·7 >	20	3 — —	N	14	1 — 3* — 5*		1·64	66	< 5	
Oxygen	<-200°	—	<1·0 >	16	2 —	O	16			—	—	—	
Fluorine	—	—	—	—	1	F	19			—	—	—	
Sodium	96°	071	0·98	23	1	Na	23	1†	Na_2O	2·6	24	-22	3
Magnesium	500°	027	1·74	14	2 —	Mg	24	— 2†		3·6	22	- 3	
Aluminium	600°	023	2·6	11	3 — —	Al	27	— — 3	Al_2O_3	4·0	26	+ 1·3	
Silicon	(1200°)	008	2·3	12	4 — — —	Si	28	— — 3 4		2·65	45	5·2	
Phosphorus	44°	128	2·2	14	3 — —	P	31	1 — 3* 4* 5*		2·39	59	6·2	
Sulphur	114°	067	2·07	15	2 —	S	32	— 2 — 4* 5* 6*		1·96	82	8·7	
Chlorine	-75°	—	1·3	27	1	Cl	35½	1 — 3 — 5* — 7*		—	—	—	
Potassium	58°	084	0·87	45		K	39	1†		2·7	35	-55	4
Calcium	(800°)	—	1·6	25		Ca	40	— 2†		3·15	36	- 7	
Scandium	—	—	(2·5)	(18)		Sc	44	— — 3†		3·86	35	(0)	
Titanium	(2500°)	—	(5·1)	(9·4)		Ti	48	— — 3 4		4·2	38	(+5)	
Vanadium	(2000°)	—	5·5	9·2		V	51	— 2 3 4 5		3·49	52	6·7	
Chromium	(2000°)	—	5·5	8·0		Cr	52	— 2 3 — — 6*		2·74	73	9·5	
Manganese	(1500°)	—	7·5	7·3		Mn	55	— 2† 3 4 — 6* 7*		—	—	—	
Iron	1400°	012	7·8	7·2		Fe	56	— 2† 3 — — 6*		—	—	—	
Cobalt	(1400°)	013	8·6	6·8		Co	58½	— 2† 3 4		—	—	—	
Nickel	1350°	017	8·7	6·8		Ni	59	— 2† 3		—	—	—	
Copper	1054°	029	8·8	7·2		Cu	63	1† 2†	Cu_2O	5·9	24	9·8	5
Zinc	422°	—	7·1	9·2	2	Zn	65	— 2†		5·7	20	4·8	
Gallium	30°	—	5·96	12	3 — —	Ga	70	— — 3	Ga_2O_3	(5·1)	(36)	(4·0)	
Germanium	900°	—	5·47	13	4 — — —	Ge	72	— 2 — 4		4·7	44	4·5	
Arsenic	500°	006	5·7	13	3 — —	As	75	— — 3 — 5*		4·1	56	6·0	
Selenium	217°	—	4·8	16	2 —	Se	79	— — — 4 — 6*		—	—	—	
Bromine	-7°	—	3·1	26	1	Br	80	1 — — — 5* — 7*		—	—	—	
Rubidium	39°	—	1·5	57		Rb	85	1†		—	—	—	6
Strontium	(600°)	—	2·5	35		Sr	87	— 2†		4·3	48	-11	
Yttrium	—	—	(3·4)	(26)		Y	89	— — 3†		5·05	45	(-2)	
Zirconium	(1500°)	—	4·1	22		Zr	90	— — — 4		5·7	43	-0·2	
Niobium	—	—	7·1	13		Nb	94	— — 3 — 5*		4·7	57	+6·2	
Molybdenum	—	—	8·6	12		Mo	96	— 2 3 4 — 6*		4·4	65	6·8	
						(1)							
Ruthenium	(2000°)	010	12·2	8·4		Ru	103	— 2 3 4 — 6 — 8		—	—	—	
Rhodium	(1900°)	008	12·1	8·6		Rh	104	— 2 3 4 — 6		—	—	—	
Palladium	1500°	012	11·4	8·3		Pd	106	1† 2 — 4		—	—	—	
Silver	950°	019	10·5	10		Ag	108	1†	Ag_2O	7·5	31	11	7
Cadmium	320°	031	8·6	13	2 —	Cd	112	— 2†		8·15	31	2·5	
Indium	176°	046	7·4	14	3 — —	In	113	— 2 3	In_2O_3	7·18	38	2·7	
Tin	230°	023	7·2	16	4 — — —	Sn	118	— 2 — 4		6·95	43	2·8	
Antimony	432°	012	6·7	18	3 — —	Sb	120	— — 3 4 5		6·5	49	2·6	8
Tellurium	455°	017	6·4	20	2 —	Te	125	— — — 4 — 6*		5·1	68	4·7	
Iodine	114°	—	4·9	26	1	I	127	1 — 3 — 5* — 7*		—	—	—	
Cæsium	27°	—	1·88	71		Cs	133	1†		—	—	—	
Barium	—	—	3·75	36		Ba	137	— 2†		5·1	60	-6·0	
Lanthanum	(600°)	—	6·1	23		La	138	— — 3†		6·5	50	+1·3	
Cerium	(700°)	—	6·6	21		Ce	140	— — 3 4		6·74	50	2·0	
Didymium	(800°)	—	6·5	22		Di	142	— — 3 — 5		—	—	—	
						(14)							
Ytterbium	—	—	(6·9)	(25)		Yb	173	— — 3		9·18	43	(-2)	10
						(1)							
Tantalum	—	—	10·4	18		Ta	182	— — — — 5		7·5	59	4·6	
Tungsten	(1500°)	—	19·1	9·6		W	184	— — — 4 — 6		6·9	67	8	
						(1)							
Osmium	(2500°)	007	22·5	8·5		Os	191	— — 3 4 — 6 — 8		—	—	—	
Iridium	2000°	007	22·4	8·6		Ir	193	— — 3 4 — 6		—	—	—	
Platinum	1775°	005	21·5	9·2		Pt	196	— 2 — 4		—	—	—	
Gold	1045°	014	19·3	10		Au	198	1 — 3	Au_2O	(12·5)	(33)	(13)	11
Mercury	-39°	—	13·6	15	2 —	Hg	200	1† 2†		11·1	39	4·5	
Thallium	294°	031	11·8	17	3 — —	Tl	204	1† — 3	Tl_2O_3	(9·7)	(47)	(4·3)	
Lead	326°	029	11·3	18	4 — — —	Pb	206	— 2† — 4		8·9	53	4·2	
Bismuth	268°	014	9·8	21	3 — —	Bi	208	— — 3 — 5		—	—	—	
						(5)							
Thorium	—	—	11·1	21		Th	232	— — — 4		9·86	54	2·0	12
						(1)							
Uranium	(800°)	—	18·7	13		U	240	— — — 4 — 6		(7·2)	(80)	(9)	

门捷列夫第一份英文版本的元素周期表

1889 年 6 月 4 日门捷列夫应英国化学会邀请，出席在伦敦举行的法拉第演讲会，以《化学元素周期律》为题发表演讲，引起到会的英国化学家们的注意，并在欧洲各国迅速传播。

1901 年，门捷列夫的元素周期律传到我国。

在我国，首先把化学元素周期律介绍到我国的是《亚泉杂志》。这个杂志创刊于清光绪二十六年（1900 年）阴历十月，为半月刊，每月初八日和廿三日出版。创办人杜亚泉，原名炜孙，发行《亚泉杂志》后就以“亚泉”两字为名。“亚泉”二字是从“氩”和“线”（线）二字去偏旁而来。他就此解释说：“生在世上，没有用途，就像化学惰性元素的氩（至今已知氩有不少用途），没有面和体就像几何学上的线。”

《亚泉杂志》引入的元素周期表

一周期	二周期	三周期	四周期	五周期	六周期	七周期	
一属			钾	铷	鏭	—	—
二属			钙	锶	钡	—	—
三属			銄	钛	锒	镱	—
四属			镨	锫	错	—	钍
五属			钒	铌	—	钽	—
六属			铬	钼	—	钨	铀
七属			锰	—	—	—	—
八属			铁	钌	—	鉥	—
			钴	链	—	铱	—
			镍	钯	—	铂	—
一属	锂	钠	铜	银	—	金	—
二属	铍	镁	锌	镉	—	銢	—
三属	硧	铝	钲	铟	—	鉓	—
四属	炭	矽	鈤	锡	—	铅	—
五属	淡	燐	砒	锑	—	铋	—
六属	養	硫	硒	碲	—	—	—
七属	弗	绿	溴	碘	—	—	—

《亚泉杂志》内容在第一册（期）的序言中写着：“揭载格致算化农商工艺诸科学。”说明这是一个科学普及的刊物，不到半年时间就夭折了。

在光绪二十七年（1901 年）正月二十三日出版的这个刊物第六册（期）中刊出了《化学元素周期律》一篇文章。这篇文章共分五节：（一）原质之天然分类，（二）周期表，（三）各周期原质之关节，（四）各属原质之关节，（五）据周期律发明之学理。

当时把元素称为“原质”。“原质之天然分类”一节中说明周期律未明以前，原质分为金属和非金属两类。

“周期表”一节原文是：“西历千八百六十九年，俄国米台而夫 Mendelieff 始作表以明其关系，同时又有 Rother Mayer 氏亦讲究周期律之理，其理遂畅明于世。米氏所作之表，屡经后来学者修改。”

“在该表中，除氢气外，自锂至铀诸原质依其原点重率之大小，自上而下，复自左而右，顺次序列。其空位中另有新原质之未明其性质者及未知的原质，可以补入。如错以下诸空位，有鋖、镨、镝、钀、钆、铽、铒、铥等可以补之。铋以下空位可以钥补入。但因此等新原质之质性未甚明了，放置缺如，又有氩及歇留谟二原质，目下尚未明其位置。”

此段文字中提到的“原点重率”即原子量。当时把分子称为“微点”，原子称为“原点”。可是在所附元素周期表中并未注明原子量，也未注明元素符号。附表中一些元素名称换上今天的名称，并附加元素符号如下：

鏭——铯 Cs	鍶——锶 Sr	鈳——钪 Sc	钛——钇 Y
锒——镧 La	鐟——钛 Ti	错——铈 Ce	鉥——锇 Os
鋕——铑 Rh	銾——汞 Hg	硑——硼 B	鈲——镓 Ga
鉛——铊 Tl	炭——碳 C	矽——硅 Si	鈤——锗 Ge
淡——氮 N	燐——磷 P	砒——砷 As	養——氧 O
弗——氟 F	绿——氯 Cl		

还有文中的一些元素名称换上今天的名称，再附加元素符号是：

鋖——钕 Nd　钀——钐 Sm

“镝”不是指今天的镝 Dy，而是当时发现而未获承认为一种元素，也曾译为锚（didymium，Di）。鍉是译自 deeigium，釖是译自 norvegium，都是当时错误发现的元素。歇留谟是 helillm 的译音，即氦。

“各周期原质之关节”指出周期表中原质分为七周期、八属（族）。一些原句是：“表中共分七周期，一、二两周期各自七个原质合成，三、四两周期各以十七个原质合成，其余周期皆不完全。兹将各周期中原质性情相关之处，摘其大意如下：

(1) 每周期之始皆同为一属，以下递次皆为同属。一、二周期，自一属顺次至七属而终。其余自一属顺次以至八属，复循环一次，至七属而终其同属中性情类似。

（2）任一原质与其同周期中上下之质相遇，无急剧之变化，因每周期中性情皆逐渐转移，至同一周期终之原质，与次周期始之原质大相差异，引力最强，如氟与钠、氯与钾是也。

（3）表中三角形之内非金属聚于一处。

（4）一、二两周期之始所列原质其为本（basic）之性最强，至周期末之原质其为配（negative elements）之性最强。其余各周期则皆以强于本性之原质始，渐渐变迁，至中间成亦本亦配之性。以下复为强于本性之原质，至末之原质复强于配性。可见第八属与其上下相近诸原质关系最妙。"

（5）中所说"本之性"和"配之性"，按原意解释即"本来的性质，和"配合的性质"，也就是"金属性"、"成碱性"和"非金属性"、"成酸性"。

"各属原质之关节"指出周期表共分八属，"其同属性情相类似，较于天然分类更为自然。各属中的原质性质相类似之处证据甚多，兹摘其大意如下：

（1）同一属中其化合价相同；

（2）各属之化合价，自一属至四属为递增（对 O 言），即自一价增至四价；自四属至七属为递减（对 H 言），即自四价减至一价；

（3）各属化合价有依次递增者自一属至八属即由一价增至八价；

（4）凡轻气与三角形内各原质化合价亦依（2）条之例，而三角形以外，不易与轻气化合；

（5）凡氧气与各原质化，台多依（3）条之例，如银二氧、钙氧、铝二氧三、燐二氧五、硫氧三、锰二氧七、铢氧四。"

文中（5）所列"凡氧气与各原质化合多依（3）条之例。如银二氧……"等是我国当时化学式表示方式，"银二氧"是 Ag_2O；"钙氧"是 CaO；"铝二氧三"是 Al_2O_3；"燐二氧五"是 P_2O_5；"锰二氧七"是 Mn_2O_7；"铢氧四"是 OsO_4。

"据周期律发明之学理"一节说明根据元素周期律可以修改原子量，预言未知元素。

《化学周期律》一文的翻译人是虞和钦，是一位东渡日本的留学生。因此元素周期律很可能是由英国传到日本，再传到我国。这一事实说明，

郑贞文的元素周期表

周期＼属	I	II	III	IV	V	VI	VII	VIII		
1	H 1 1.008 氢							2 He* 氦 4.00		
2	Li 3 6.940 锂	4 Be 铍 9.02	B 5 10.82 硼	6 C 碳 12.000	7 N 氮 14.008	8 O 氧 16.000	9 F 氟 19.00	10 Ne* 氖 20.2		
3	Na 11 22.997 钠	12 Mg 镁 24.32	Al 13 26.97 铝	14 Si 硅 28.06	15 P 磷 31.027	16 S 硫 32.064	17 Cl 氯 35.457	18 A* 氩 39.91		
4	K 19 39.096 钾	Ca 20 40.07 钙	Sc* 21 45.10 钪	Ti 22 48.1 锴	V 23 50.96 钒	Cr 24 52.01 铬	Mn 25 54.93 锰	26 Fe 铁 55.84	27 Co 钴 58.94	28 Ni 镍 58.69
	29 Cu 铜 63.57	30 Zn 锌 65.38	31 Ga* 镓 69.72	32 Ge* 锗 72.60	33 As 砷 74.96	34 Se 硒 79.2	35 Br 溴 79.916	36 Kr* 氪 82.9		
5	Rb 37 85.44 铷	Sr 38 87.63 锶	Yt 39 88.9 钛	Zr 40 91.0 锆	Cb* 41 93.1 钱	Mo 42 96.0 钼	Ma* 43 96.? 鎷	44 Ru 钌 101.7	45 Rh 铑 102.91	46 Pd 钯 106.7
	47 Ag 银 107.88	48 Cd 镉 112.41	49 In 铟 114.8	50 Sn 锡 118.70	51 Sb 锑 121.77	52 Te 碲 127.5	53 I 碘 126.932	54 Xe* 氙 130.2		
6	Cs 55 132.81 铯	Ba 56 137.37 钡	57～71 稀土族	Hf* 72 178.6 铪	Ta 73 181.5 钽	W 74 184.0 钨	Re* 75 187.? 铼	76 Os 锇 190.8	77 Ir 铱 193.1	78 Pt 铂 195.23
	79 Au 金 197.2	80 Hg 汞 200.61	81 Tl 铊 204.39	82 Pb 铅 207.20	83 Bi 铋 209.00	84 Po* 钋 210.	85	86 Rn* 氡 222.		
7	87	Ra* 88 225.95 镭	Ac* 89 226(?) 锕	Th 90 232.15 钍	Pa* 91 230(?) 镤	U 92 238.17 铀				

57-71 稀土族	La 57 138.90 镧	58 Ce 铈 140.25	59 Pr* 镨 140.92	60 Nd* 钕 144.27	61 Il* 钷	Sm* 62 150.43 钐	Eu* 63 152.0 铕
Gd* 64 157.26 钆	Tb 65 159.2 铽	66 Dy* 镝 162.52	67 Ho* 钬 163.4	68 Er 铒 167.7	69 Tm* 铥 169.4	Yb* 70 173.6 镱	Lu* 71 175.0 镥

元素符号右侧数字表示原子序数，下面数字表示原子量。

＊为1869年门捷列夫发表周期律后发现的元素。

注：表中氩、钛、钱等元素的化学符号与现在标准符号不同。

门捷列夫的元素周期系在获得欧洲各国公认后，迅速传遍全世界。

我国化学家郑贞文（1891—1969）在自编的第一本化学教科书——新时代高级中学教科书《化学》中也引进了元素周期表。此书于1929年商务印书馆出版，连续再版多次，是我国20世纪30—40年代里广泛使用的化学教材，所附化学元素周期表已呈现现代化，只是一些化学元素的名称需要改变。

商务印书馆

商务印书馆于1897年2月11日创立于上海，它的创立标志着中国现代出版业的开始。100多年来，商务印书馆从最初一个小小的印刷作坊，逐步发展成为现当代中国首屈一指的出版和文化机构，为开启民智、昌明教育、普及知识、传播文化、扶助学术作出了重要的贡献。以张元济、夏瑞芳为首的老一辈出版家，平地为山、艰苦创业，为商务的发展打下了坚实的基础。

杜亚泉简介

杜亚泉（1873—1933），原名炜孙，字秋帆。号亚泉，笔名伧父、高劳，汉族，会稽伧塘（今属上虞）人。近代著名科普出版家、翻译家。杜亚泉深知，要强国必先普及科学，而普及科学的根本途径在于办教育。因此，他从1902年开始，就在办刊物的同时，致力于科学书籍和教科书的编著出版。

杜亚泉主持的重大编辑活动主要有：

1. 编纂《植物学大辞典》。该书为我国第一部有影响的专科辞典，由13人合作，杜任主编。自1907年开始编撰，1918年出版，历时12年，

1934 年再版。此书收载我国植物名称术语 8 980 条，西文学名术语 5 880 条，日本假名标音植物名称 4 170 条，附植物图 1 002 幅，全书 1 700 多页，300 余万字。蔡元培为之作序说："吾国近出科学辞典，详博无逾于此者。"时任苏州东吴大学生物系主任的美国科学家祁天锡也认为："自有此书之作，吾人于中西植物之名，乃得有所依据，而奉为指南焉。"

2. 编纂《动物学大辞典》。该书由 5 人合作，杜任主编。自 1917 年开始编撰，1923 年出版，历时 6 年，1927 年四版。全书共 250 余万字，所收录的动物名称术语，每条均附注英、德、拉丁和日文，图文并茂，正编前有动物分布图、动物界之概略等，正编后附有西文索引、日本假名索引和四角号码索引。该书与《植物学大辞典》同为我国科学界空前巨著，至今仍在发挥作用。

3. 编著《化学工艺宝鉴》。该书于 1917 年 3 月初版，至 1929 年 12 月已出第九版。书的内容包含重要工艺 30 余类千余种，自家庭日用以至工场制造，各种化学工艺如合金、镀金、冶金、玻璃、珐琅、人造宝石、陶器着色、火柴、油漆、墨水、漂白、防腐、肥皂、毒物及解毒等，均有详尽的说明。编此书的目的，在于为国货制造家们提供一份技术参考资料。为了推动我国的科学教育，杜还在编译出版教科书的同时，重现科学实验仪器和设备的制造。

鉴于杜亚泉在科学传播普及上的贡献，有人称他为科学家，他谦虚地回答说："非也，特科学的介绍者耳"。

门捷列夫的困扰

门捷列夫 36 岁时，在总结前人研究成果的基础上，明确地提出了化学元素周期律，即随着原子量由小到大的顺序排列，元素性质出现周期性变化的规律。同时他还设计了一张具体反映这个规律的元素体系——包括 63 种元素的周期表。虽然比较稚嫩，但已能看出一点元素周期表的眉目。

不过，门捷列夫设计的这第一张表中，就出现了跟他提出的元素周期律相矛盾的所谓原子量颠倒问题。按当年元素周期律的要求，每种元素都应该按照原子量由小到大的顺序进行排列，可是碲的原子量是 128，按照可反映元素化学性质的化合价大小，却得排在原子量为 127 的碘元素的前面，这使他产生了很大的疑问。当然，他疑问的对象不是自己提出来的元素周期律概念，而是碲元素的原子量。于是，他在碲的原子量等于 128 的后面打上了一个问号。

因为门捷列夫在当年发布的《元素性质和原子量的关系》一篇论文中说："某些元素的可疑原子量，能够利用相邻元素的原子量进行修正"，所以，他在 1871 年又制作新的元素体系时，就拿碲的原子量这个可疑对象首先开刀。

门捷列夫根据碲前面的元素锑的原子量为 122 和后面元素碘的原子量为 127，取两者平均数后又四舍五入，便把碲的原子量由 128 "修正" 为 125，即由原来的比碘大 1，改成了比碘小 2。

实际上，门捷列夫这种只凭经验办事的方法，还停留在半个世纪之前元素组的水平上。早在 1850 年裴顿克菲就已经指出：在 "三元素组" 中，前后两元素原子量之和的一半与中间元素的原子量比较接近的情况并不是普适的，仅适合于对少数元素的原子量进行如此修正。

而且，早在多年前，无论是利用灵敏度很高的天平称量，还是利用化合物分子及其所含成分多少的计量，对于原子量的测定都已经相当精确，可门捷列夫竟然把碲的原子量人为地减少了 3！

其实，连门捷列夫本人对这样的结果也不满意，心理上长时间地感到不平衡，于是在 1879 年又一次设计新元素表时，他干脆采取回避矛盾的消极办法，所有的元素都不再标原子量了。

1906 年，门捷列夫在 73 岁高龄又制作两种形式的新表时，令他始料不及的是，元素表就好像有意跟他过不去似的，不但以前的老矛盾躲不开，而且又一个新矛盾迎面朝他走来——当他在表中想增加拉姆塞新设的惰性气体族时，发现氩的原子量比它后面的一个元素钾多出 0.75，这是他无论如何也不能接受的。

于是门捷列夫就在无框架表的注中一厢情愿地说："氩的密度指明它的原子量是 39.9，但是按照零族元素的原子量比卤素大，比碱金属小判断，应该认为氩的原子量比氯 35.5 大，比钾 39.15 小，故大约是 38。" 这就是说，他宁可相信自己的主观臆断，也不肯承认客观的测量。

对于把碲的原子量人为地改小，他虽然有些心理不平衡，但说什么也不能相信前一个元素的原子量会比后一个元素大。于是，在这张元素周期表中，他又随心所欲地把碲的原子量改得与碘相等，都是127。因为两个相邻元素的原子量相等在门捷列夫的制表生涯中已不是第一次，而且钴和镍这一对相邻元素的原子量，从他1869年第一次制表开始，37年来一直都是59.0。可是进入20世纪的其他制表人，已经没有一例再出现两种元素的原子量完全相同的现象了。

其实，把钴和镍的原子量都定为59.0以及把碲的原子量也改成127，他也知道是不对的。只是不愿意承认这种事实，并且还异想天开地期待着将来的科学研究，能够出现他所愿意看到的成果。这充分表现于他在周期表下对镍和碘两种元素的注释上：

“镍的原子量是58.7，但按其性质应排在钴59.0的后面。对于它的原子量，应当期待比钴大一些，而不是小一些。”

“按照性质和周期律判断，碲应该具有比碘较小的原子量。可是目前的实验结果却正好相反——碲从126.4到127.9，平均约为127.15，而碘稍小一些，为126.98，都接近127。因此，可以希望，将来在进一步研究时，或者得出碘的原子量比127大些，或者得出碲的原子量比127小些。”

门捷列夫的思想在这方面之所以如此僵化，是因为他认定自己提出的“原子量决定元素性质”的论点是自然界的一种规律，而他又坚信“自然界的规律是没有例外的”。因此，他宁肯把这两对元素的原子量随意改动得前后相等，也绝不容忍它们前大后小。

当然，钴和镍、氩和钾以及碲和碘这三对元素的“原子量颠倒”问题，不只是困扰了门捷列夫的一生，也使其他不少化学家长时期对此感到异常矛盾。开始，大家也像门捷列夫那样，不是怀疑元素样品的不纯，就是怀疑原子量的测定有问题。可是后来，随着实验仪器的改进和技术上的进步，尽管这几种元素的样品提炼得特别纯，测量的精度非常高，测定出的这三对元素的原子量，仍然都是前大后小。而且只有把这三对元素的原子量按照递增顺序颠倒排列，才更符合元素性质周期性变化的规律。

那么，既然原子量没有错，人们自然就会回过头来反问：是否元素周期律概念本身存在问题呢？

当然，原子量没有错，元素周期律概念也没有问题，当元素的放射性和同位素的概念出现后，门捷列夫的疑问就不解自破了。

非金属元素碲

碲，1782年缪勒发现。相对原子质量：127.6；原子序数：52；质子数：52 ；摩尔质量：128。

碲除了兼具金属和非金属的特性外，碲还有几点不平常的地方：它在周期表的位置形成“颠倒是非”的现象——碲比碘的原子序数低，却具有较大的原子量。如果人吸入它的蒸气，从嘴里呼出的气会有一股蒜味。

化学元素原子量的全面改动

原子量有两种：原子原子量和元素原子量。原子原子量是原子以碳单位为质量单位量度的原子质量，是一种相对质量。而化学元素的原子量是指该元素在自然界存在的同位素混合物的平均原子量，跟混合物中各成分的占有率直接有关。它同原子序数不能混为一谈。特定元素原子核内中子的数量是恒定不变的。原子量等于原子序数加上中子的数量，因此，问题就出现了：元素可能以不同的形式而存在，比如很多元素都有同位素，其原子包含不同数量的中子。

为了反映这一点，国际纯粹化学和应用化学联合会（IUPAC）基于一个元素天然同位素的相对丰度计算出了该元素的平均原子量。

大多数元素在自然界中都有一个占优势的稳定形式，比如地壳中含量最丰富的氧元素，其最稳定的形式是原子核内有8个质子（定义为氧元素的标志）和8个中子的^{16}氧，占99%。

但这个比例并非一成不变，在空气、地下水、果汁或骨骼中都是不同的。比如，随着水蒸气穿越地球的大气层从赤道循环到极地，包含越来越重的氢的同位素的水分子会更快地降落到海里，因此，热带水域里氢原子的平均原子量往往高于极地附近海洋中的氢原子的平均原子量。因为不同的原因，慢慢渗下阿拉斯加海岸附近海底的碳氢化合物中碳原子的平均原子量比元素周期表中提供的原子量要大0.01%。

以前公布的原子量是这些同位素的平均值，随着同位素数量的不断增长（118种元素有2 000多种同位素），这些数值急需修订。

2010年12月，IUPAC规定，今后氧、氢、锂、硼、碳、氮、硅、硫、氯和铊这10种元素的原子量将以数值区间的方式进行标注，而不再只是一个失真的单一数值。比如氢的原子量是H [1.007 84; 1.008 11]。这一变化也表明，长期以来，科学界终于承认118种元素中大部分的原子量是变化的。

自从冥王星在2006年被剔除出太阳系大行星之列以来，最震撼科学界的大事当数化学元素原子量的全面改动了。

错误的预言元素

门捷列夫建立元素周期表后，不少研究者们遵循门捷列夫的道路，根据各元素的原子量数值，寻找更多的元素，预言它们的存在，把它们安排在化学元素周期表中。

最突出的例子是一些研究者们根据氢和氦的原子量差值大约等于4，比其他相邻两元素原子量间的差值较高，使氢和氦两元素之间在元素周期表中空出一大截，于是就认为其中应该还有元素存在。

1911—1912年，英国天文学家、物理学家尼科尔森在研究原子结构中提出氪（coronium——corona日冕）、氙（nebtl—lium——nebula星云）、原氟（protofluorine）三种元素的存在。这些元素是英国天文学家洛克耶在1871年利用分光镜研究太阳和星际光谱时提出的。

尼科尔森认为，氙元素可以解释日冕和星云光谱中的未知谱线。他提出氙的原子模型，是一个核中含有大量正电荷的巨核，外围电子绕核旋转，其中有些电子的跃迁恰好辐射出未知谱线。

紧接着美国地质学和动物学教授爱默森根据锂和钠两元素原子量差值

是 23 - 7 = 16，认为原氟和氟两元素原子量差也是 16，得出原氟的原子量等于 19 - 16 = 3。

按类似的方法得出氙的原子量等于 2，于是就以 Ne（氙）和 Pf（原氟）作为这两种元素的符号，将它们放置在元素周期表中氢和氦之间。它们的原子量正好是 1、2、3、4，氢 H、氙 Ne、原氟 Pf、氦 He。

莫斯莱在测定了各元素原子的核电荷后，确定了各元素的原子序数，阻塞了这些预言，Ne 和 Pf 等的谱线被证明是氧、氮等完全离子化的谱线，推翻了它们存在的设想。

但是，在氢的前面是不是还可能存在其他元素，把化学元素周期表向上扩充。

这种想法在门捷列夫建立元素周期系以前就已经出现了，当时有人提出有原子量小于氢的存在。

门捷列夫本人也曾有过同样想法。下表是他在 1902 年逝世前不久排列的一张元素周期表的片段。

门捷列夫发表的一张元素周期表片段（1902）

列	元素族							
	0	Ⅰ	Ⅱ	Ⅲ	Ⅳ	Ⅴ	Ⅵ	Ⅶ
0	X							
Ⅰ	Y	H						
Ⅱ	He	Li	Be	B	C	N	O	F
Ⅲ	Ne	Na	Mg	Al	Si	P	S	Cl

在这张元素周期表中，门捷列夫在氢的前面列出了两种化学元素 X 和 Y。

X，他认为是以太（ether），西方古希腊哲学家们曾经认为它是人们心理上一种不可思议的感动力。

著名古希腊哲学家亚里士多德就曾经把它认为是一种元素。在西方人们对光、热、电等的本质没有认清以前，在物理学中曾经引用古代的这个概念解释它们。

门捷列夫受当时生产力的限制，也把它当成物质之原，列进他制定的元素周期表中，并称它为 newtonium，是为了纪念英国物理学家牛顿（Isaac

Newton，1642—1727）。

Y，他假定是太阳日冕的大气层中存在的一种元素，就是氪（coronium）。

门捷列夫研究了各族两性质相似元素原子量的比值，列成表，见下表。

各族两性质相似原子量比值

族	Ⅶ	Ⅵ	Ⅴ	Ⅳ	Ⅲ	Ⅱ	Ⅰ	0
元素	Cl : F	S : O	P : N	Si : C	Al : B	Mg : Be	Na : Li	Ne : He
原子量比值	1.86	2.0	2.21	2.37	2.46	2.67	3.28	4.98

从表中可以看到，从Ⅶ族到零族，两性质相似元素原子量的比值逐渐增大，由此门捷列夫得出 He : Y > Li : H，因为 Li : H = 6.97，所以 He : Y ≈10。这样他得出 Y 的原子量约为 0.4，小于氢的原子量，所以排列在元素周期表中氢的前面。

他还根据 Xe : Kr = 1.55，Kr : Ar = 2.15 和 Ar : He = 9.5，得出 He : newtonium = 23.6，得到 newtonium 的原子量为 0.17，小于氢的原子量，所以也排列在元素周期表中氢的前面。可是门捷列夫对这种元素的性质没有更多的论说。

这种情况一直持续到 20 世纪 40 年代。还有人提出有一种原子量比氢小的元素称为原氢 protohydrogen，应当排列在氢的前面。在电子、质子、中子相继被发现后，不少人把它们也塞进元素周期表中，列在氢的前面。

显然，化学元素周期系是化学元素的周期系，而不是什么其他东西的周期系，也就是说，它是质子或质子和中子形成的正电荷核以及核周围的电子所构成的各种不同粒子的周期系。无论是电子、质子、中子或某些其他基本粒子都不具备这样的结构，因而它们不是元素，它们不应该被包括在元素周期系的范围之内。

毫无疑问，门捷列夫预言这两个元素是错误的。这是他凭借臆测来预言元素，与他当初建立化学元素周期律时凭借元素周期律来预言元素完全相反。这个事实也说明有成就的科学家，在他成就的道路上并不是万无一失的。

日冕

日冕是太阳大气的最外层，从色球边缘向外延伸到几个太阳半径处，甚至更远。分内冕、中冕和外冕。广义的日冕可包括地球轨道以内的范围。日冕主要由高速自由电子、质子及高度电离的离子（等离子体）组成。由于日冕的高温低密度，使它的辐射很弱且处于非局部热动平衡状态，除了可见光辐射外，还有射电辐射，X射线，紫外、远紫外辐射和高度电离的离子的发射线（即日冕禁线）。

以太与西方科学

以太是希腊语，原意为上层的空气，指在天上的神所呼吸的空气。在宇宙学中，有时又用以太来表示占据天体空间的物质。

17世纪的笛卡儿是一个对科学思想的发展有重大影响的哲学家，他最先将以太引入科学，并赋予它某种力学性质。

在笛卡儿看来，物体之间的所有作用力都必须通过某种中间媒介物质来传递，不存在任何超距作用。因此，空间不可能是空无所有的，它被以太这种媒介物质所充满。以太虽然不能为人的感官所感觉，但却能传递力的作用，如磁力和月球对潮汐的作用力。

后来，以太又在很大程度上作为光波的荷载物同光的波动学说相联系。光的波动说是由胡克首先提出的，并为惠更斯所进一步发展。在相当长的时期内（直到20世纪初），人们对波的理解只局限于某种媒介物质的力学振动。这种媒介物质就称为波的荷载物，如空气就是声波的荷载物。

由于光可以在真空中传播，因此惠更斯提出，荷载光波的媒介物质（以太）应该充满包括真空在内的全部空间，并能渗透到通常的物质之中。

除了作为光波的荷载物以外，惠更斯也用以太来说明引力的现象。

牛顿虽然不同意胡克的光波动学说，但他也像笛卡儿一样反对超距作用，并承认以太的存在。在他看来，以太不一定是单一的物质，因而能传递各种作用，如产生电、磁和引力等不同的现象。牛顿也认为以太可以传播振动，但以太的振动不是光，因为当时光的波动学说还不能解释光的光电效应，也不能解释光为什么会直线传播。

门捷列夫掀起的热潮

随着门捷列夫元素周期表的传播，人们对该表的评价也不一。例如作为门捷列夫的热烈拥护者勃拉乌尔向因发明光谱分析而颇负盛名的科学家本生，叙述这位俄国化学家的发现和他预言的新元素时，本生以讽刺的口吻说："请不要迷恋这些东西，我可以随便根据刊登在交易所新闻小报上的不同数据作出许多类似的总结，要多少，有多少"。

但是，无论是拥护者、怀疑者还是反对者，都想进一步证实、发展或推翻这一新学说，从而在化学史上掀起了一股热潮。正如下面将要见到的，门捷列夫周期律的发现掀起的热潮不但没有动摇元素周期律的基础，还额外地结出了丰硕的成果，补充和完善了元素周期表。

氩元素的发现

在门捷列夫发现周期律引发的测量原子量的热潮中，在一百多年前卡文迪许工作过的剑桥大学，有一位测定气体密度的专家——物理学家、化学家瑞利——也被卷进其中了，并最终导致一种新元素——氩的发现。

瑞利的疑问

瑞利1865年毕业于剑桥大学，由于其渊博的学识和卓越的实验才干，继麦克斯韦之后出任剑桥大学卡文迪许实验室主任之职。来到卡文迪许实验室后，实验室先进的设备为他提供了进一步施展才能的条件。当时实验室中有一台堪称世界上最灵敏的天平，灵敏度达到万分之一克。这为他进行某些精细实验提供了条件。在这种条件下，他选择测定大气中各种气体的密度作为自己的课题，尽管过去有许多科学家作过这项研究。

卡文迪许实验室旧址大门

瑞利为了测定氮的密度（这是测定气体元素原子量的一种途径），决定运用当时已经得到大大改善了的测量技术，使自己的测量结果要比历来任何一位物理学家测得的数据都要更精确。所以在测定中，他总要设法不让哪怕是一个小气泡溜掉，不让用于测量的气体带有任何杂质。并且他所用的天平是当时世界上最灵敏的天平，测量的误差可以控制在万分之一克的范围之内（即在0.000 1克之内）。

作为一个优秀的实验工作者，任何时候都不会放弃对自己实验结果进行检验，以避免万一的差错。用什么方法来核查检验自己的测量结果呢？瑞利想，如果用两种不同来源的氮测得的密度相同，那就可以证明自己的实验没有问题，结果是可靠的了。他先测量了来自空气中的氮的密度，后来他用氨制得了氮，经仔细纯化后，按测空气中氮同样的方法再次测定了氮的密度。

出乎意料的是，这两种不同来源的氮测得的密度竟然是不相同的。空气中的氮在标准状况下每升重1.257 2克，而从化合物氨中得到的氮（“化学氮”），在标准状况下每升却是重1.250 8克，二者相差0.006 4克/升。

这个差值发生在第三位小数上，似乎差别甚微，但如前已讲到的，瑞利是一位对自己要求很严格的优秀实验工作者，同时，在他的时代，他所用的天平称重的精确度已达到万分之一克，所以这个差值是绝不能用称量误差来解释的。

为了弄清这位0.006 4克/升“不速之客”出现的原因，瑞利除用氨之外，又用从氧化亚氮、氧化氮、尿素、硝石等化合物中制得的“化学氮”再次进行氮的测量，都得到同样的结果，即空气氮要比化学氮每升重0.006 4克。

这个发生在第三位小数上的差异，既然不能用称量误差合理地解释，那么原因何在呢？

为了解开这个谜，瑞利一一分析了各种可能的原因。是测量用的氮样品不纯？是像氧原子能生成臭氧分子O_3一样，空气里的氮原子也能生成像“N_3”这样的分子？等等。

但相反地，所有的实验都表明，这些怀疑都是毫无根据的，氮的双原子分子N_2是很稳定的，氮的密度和许多别的性质，甚至在长时间经受强烈的放电作用也不会改变。

有一天，瑞利带着十分懊丧的心情，坐在桌前再一次审视着自己的实验结果时，无意中看到桌上放着一本新到的科学刊物——《自然》。于是瑞利心里一动，打定主意提笔给《自然》杂志的编辑部写了一封信，希望通过他们得到广大读者的帮助，能提醒他错误究竟出在哪儿？这个顽固的0.006 4究竟意味着什么？在信中瑞利把自己在氮的问题上所碰到的“钉子”，一五一十详细地告诉了编辑部。

《自然》是一本不仅在英国，而且在世界各国都很有声望的刊物。不仅是青年科学工作者，而且许多年长的科学家，都喜欢这本杂志。因此可以相信，在编辑部把瑞利的信刊出之后，是有许多人看到过、读到过的。两年过去了，虽然瑞利收到过几封读者来信，但是没有一个能解答他的问题。

物理学家和化学家的合作

1894年4月19日，瑞利在英国皇家学会上宣读自己的实验报告，再次请求化学家的帮助。这时英格兰化学家、伦敦大学教授拉姆塞主动向瑞利伸出合作之手，虽然他也尚不能解开瑞利的困惑，但他提出愿意与瑞利合作，共同进一步探索这个现象的真正原因。就这样，一位物理学家，一位化学家就联手研究起来了。

就在这次会后，有一位英国皇家研究院的化学教授杜瓦向瑞利提供了一个重要的线索，就是我们在前面已提到过的，卡文迪许研究空气中氮的燃素时遇到的谜一般的小气泡的情况。

卡文迪许

瑞利和拉姆塞终于在“故纸堆”中翻出那早已发黄了的，100 多年前卡文迪许的实验记录和手稿，当他们贪婪地一遍又一遍地阅读时，一阵阵兴奋之情充满了他们的心头。原来 100 多年前，卡文迪许在寻找空气氮的燃素研究中也遇到过谜一般的麻烦呀！

读着读着，他们越来越有信心了，他们从卡文迪许那“U”形管里残存的那个小气泡里，仿佛看到了自己所追求的目标物了。但真正成功还有好长的路要走，还得付出艰辛的劳动！

在研究实践中，拉姆塞提出了一个大胆的想法，他认为从空气中提纯的氮可能不是纯的氮，其中可能混有某种尚未被认识的新气体。并且他进一步推断，假如真是混有这种新气体，那么它应该比氮重，并且应该具有某种独特的品质，使它能长期地躲过研究者敏锐的眼睛而不被发现。

就这样，两个人投入到寻找混在空气氮中的这种能长期躲过研究者敏锐“眼睛”的独特气体的征程中去，并且坚信这是解开瑞利实验中发生在第三位小数上的异常现象之谜的唯一合理的途径。

要证明这种独特气体是否存在，也只能是走实验之路，瑞利和拉姆塞反复商讨制订出实验计划之后，他们就回到各自的实验室行动起来，并定期交换各自实验进展的情况。

瑞利选择的是在更高的技术水平上，大规模地重做卡文迪许的实验。幸运的是，这时他和助手们已不必像卡文迪许时代那样，辛苦地轮流摇动起电机的手柄，而是使用一台 6 000 伏的变压器作为放电实验的电源了。

用于空气放电的也不再是一支小小的“U”形管，而是一只50立升的玻璃容器。在其中还装有一个特制的碱液喷射器，用来喷射碱液以吸收放电时生成的氧化氮及其中杂有的二氧化碳气体。最后剩下的气体经干燥去除水分，通过加热的铜粉末除去剩余的氧。这个实验瑞利和他的助手们一直连续进行了好几天。

拉姆塞是一位化学家，他设计的实验更有化学实验的色彩。他知道加热的金属镁具有很好的吸收氮生成固体氮化镁（Mg_3N_2）的本领，因此，他设计了一套实验装置。

拉姆塞将几升经过干燥并仔细除去二氧化碳的空气，反复地通过用喷灯加热的盛满镁片的管子，使氮被镁片吸收并反应生成固体产物Mg_3N_2。经过10天的反复操作，实验气体的体积不再减少了。说明实验空气中所有的氮都已经与镁反应被除去了。

然后，拉姆塞也像瑞利一样，将剩下的气体通过加热的铜，使氧与铜反应生成氧化铜而被除去。

随着实验的进程，拉姆塞也一次又一次地测定实验装置中循环气体的密度，他高兴地发现，随着氮气逐渐被除去，气体的密度一直在增大，直到实验最后，空气中的氮和剩余的氧都被除净了，残留气体的密度达到了19.086克/升。

用上述方法，拉姆塞在实验中第一次分离得到100毫升的“新”气体。

最后，在拉姆塞和瑞利两人的手中，都有了这种神秘的“陌生者”，但除了知道它几乎比氮重1.5倍，体积只占空气体积的1/80之外，其余就一无所知了。

确定气体性质

下一个任务很明显就是要弄清楚这种气体的化学性质，弄清楚它是一种单纯的物质呢，还是一种混合物？或者像有人所说的，可能是像氧原子形成臭氧O_3一样，是氮原子形成的“变种”氮分子N_3？最关键的是弄清楚它是一种单质呢，还是一种化合物？

初步的成功给研究者以极大的鼓舞，推动他们更迫不及待地投入到对这个新气体性质的研究中去。

拉姆塞在研究新气体的化学性质时，发现无论是加热、加压，利用电火花放电或使用催化剂，都不能使它与任何活泼的元素如氟、氯、氧、硫、碳以及各种金属发生反应。拉姆塞和瑞利还用精确的实验反驳了仍坚持认为新气体是 N_3 的说法。因为此气体如果是 N_3，其密度应为 21.04 克/升，而新气体的密度却是 19.086 克/升；另外，即使是 N_3，它应以爆炸的速率分解，而新气体却非常稳定，放置数日其密度也不改变；既然 N_2 能与灼热的镁化合，为什么 N_3 反而不能与镁化合呢？

拉姆塞不仅通过实验证明了新气体具有极不活泼的化学性质，并根据新气体密度约为 20 克/升，推测其分子量为 40。由于新气体的不反应性，不能制取其化合物，因此，无法用化学分析方法求算其原子量，但拉姆塞还是凭着他深厚的物理化学知识，通过实验测得新气体的恒压热容 C_p 与恒容热容 C_v 之比为 1.653，从而推知新气体为单原子分子，其原子量为 40。

证明新气体的分子是单原子分子，即一个分子只由一个原子组成，这是一个很关键的发现，因为在此之前，所有已知的气体的分子都是由两个原子构成的。

既然证明了新气体分子只由一个原子构成，那么很显然可以得出一个极重要的结论，即在任何情况下它都绝不是化合物，而只能是一种最简单的物质——元素。

至此，最后证明发现了新的气体元素。

光谱分析

光谱分析在当时是科学家手中分析鉴别不同元素的新的强大高效的武器，所以，拉姆塞也请求当时的光谱分析权威克鲁克斯对自己发现的新气体进行了检验。光谱分析表明，这种新气体的光谱与所有已知气体的光谱都不相同，具有特别的橙黄色的、蓝色的和绿色的谱线。也证实新气体是一种新元素。

不过应指出的是，限于当时光谱分析的分辨能力，并没有分辨出这些不同颜色的谱线，是属于同一种元素的呢，还是属于几种不同新元素的混合物的。

正如后来所证实的，当时瑞利和拉姆塞手中拿着的不单是一种新元素，而几乎是零族所有的成员（氡除外），即他们实际是同时发现了几种气体元素，只不过当时还分辨不出来罢了。

正由于此，1894年8月13日，在牛津召开的英国科学振兴会上，瑞利和拉姆塞第一次公开报告自己的发现时，也只认为是发现了一种新元素。

由于这个新气体元素的化学性质如此的不活泼，以至“懒惰”到惊人的程度，所以会上有人建议把这个元素命名为“Argon”，此名起源于希腊文。在希腊文中“a”表示“不”，而“ergon”则表示“工作”，二者结合起来就成了“懒惰”的意思。取元素符号为Ar，在中国“Argon”称为氩。

这里要再一次强调的是，拉姆塞和瑞利所发现的，当时被命名为氩的气体，并不是今天我们说的氩元素，而是包括氩在内的，零族诸兄弟即氦、氖、氩、氪、氙的混合物，只是其中除氩外，其余各自的含量都极微小，当时的光谱分析技术还不能一一把它们辨认出来罢了。

但是，拉姆塞和瑞利发现了新元素却是千真万确的事实，后来瑞利获得了1904年的诺贝尔物理学奖，拉姆塞获得了1904年的诺贝尔化学奖，就是基于他们在对零族元素的发现和研究方面所作的贡献。

氩的发现，或者说零族元素的发现，在科学史上已成为一段动人的佳话，被誉为是“第三位小数的胜利”，是对科学实验中明察秋毫和锲而不舍精神的回报。

单原子分子

单原子分子就是只有一个原子构成的分子。通常情况下只有稀有气体单质［目前只有氦（He）、氖（Ne）、氩（Ar）、氪（Kr）、氙（Xe）、氡（Rn）］。

例如稀有气体He就是一个基本结构，固态下形成分子晶体，之间是范德华作用力。而其他例如Si则不是分子晶体，它的形成结构是由共价键组成，因此它不存在分子，所以也不是单原子分子。

光谱分析与元素鉴定

著名实验化学家本生与物理学家合作，在1860年前后研制出第一台分光镜，像三棱镜可将太阳光分解成红、橙、黄、绿、青、蓝、紫的彩色光带一样，光线（或火焰的光）通过狭缝、平行管到达棱镜之后，也会分解成各种彩色的光的色带。而不同元素发出的光通过分光镜也就形成不同的线状光谱。

每种元素各有自己特有的光谱线，好像它们自备的名片。研究者只要根据这些“名片”就可以轻而易举地，而且准确无误地判定某元素的存在，甚至可以根据谱线的强度确定某元素的含量。如果从分光镜中看到一种从未见过的光谱线，就可以有把握地宣布发现了新元素，即使这时你还没有真正分离出该元素的单质来。

这就是为什么光谱分析方法问世之后，就掀起了一阵发现新元素的浪潮的原因。创造光谱分析方法的本生和基尔霍夫，在1860—1861年两年间，就利用他们创造的方法，先后发现了铯和铷两种新元素。

同样是利用光谱分析方法，1861年英国的克鲁克斯发现了铊；1863年德国的赖希和里希特发现了铟；1875年法国的布瓦博德朗发现和制得了镓。尤其是镧系元素性质极为相似（所以在周期表中镧系元素共有15个成员，却占同一位置），也是借助于光谱分析，先后发现了钇、钬、铥、钐、钕、镨、镥等，最终确认了镧系15种元素的存在。“光谱分析之花”结出了丰硕的科学之果。

光谱分析之所以能成为科学家手中强大的分析武器原因还在于，用光谱分析方法进行研究时，被研究的对象不论是在地球上分析者的身边，还是远在地球之外的宇宙天体上，只要被研究对象发出的光可以达到研究者的分光镜就行。太阳大气中的氦就是靠光谱分析的这种本领而被发现的，要知道太阳距地球有1.5亿千米之遥啊！

氦元素的预测与发现

早在1869年门捷列夫第一次公布他的元素周期表时，在提到应该如何去寻找尚未被发现的“宇宙大厦的砖头”——新元素的时候，他就预见到了氦元素存在的可能性。他写道：假如可以希望使这个表得以填满的话（当时仅知道63种元素，使得周期表中不得不为未知元素留下“空格”），那么我最大的希望是补充接近于氢的元素的数目。这些元素可以作为从氢到硼，到碳的过渡……

接近于氢的元素，就是我们现在所说的氦。氦是零族中被人们研究和了解最多的成员，并且也是零族中最早被发现的成员，它的发现比氩早了20多年。

氦是在太阳大气中被天文学家观测到的，并以希腊文“helios”——太阳一词为它取名为“helium”，我国称为氦，元素符号为He。

氦是在太阳大气中被天文学家发现的，化学界没有人去关心它的存在。在很长时间里，氦被视为“太阳的居民”，没有人想到要在地球上寻找它的踪迹。在氩被发现之后，它才进入化学家的视野。在地球上第一批寻找这个“太阳居民”踪迹的人，就是拉姆塞和他的助手们。

1868年的8月18日日全食那一天是一个振奋人心的日子，因为日全食时是观察太阳千载难逢的好机会。因此，这年的8月，在印度南部海边早早地聚集了一群赶来准备第一次用光谱分光镜观察太阳的天文学家了，他们都迫不及待地选择最佳的观察位置，安装和调试着自己的分光镜。

日全食

1868年8月18日，在印度南部海边观察日全食的人群中，有一位法国人叫詹森，他也和别人一样，在选择合适的观察位置，调试着自己的分光仪。

就在这次日全食的观察中，他判定太阳表面的红色火焰是由气体组成的。同时，在观察中他产生了一个新念头，他想，日全食要多少年才能遇到一次啊，要是在平常不是日食的日子也能对太阳进行光谱观测那该多好。于是他想第二天试试看。当晚他认真地调整了自己分光镜的窥孔，把一切准备停当。

第二天早上，他抱着试试看的心情，将分光镜又对着太阳观测起来。事情看来似乎没有什么特别的地方，他在太阳的光谱中又看到了属于氢的蓝色的、深绿色的和红色的谱线，还发现了一条很明亮的黄线。

这是别人在日食观测中也都见到过的黄线。因为按其颜色和它在光谱线中的位置，詹森起初认为这是钠元素的黄线。但是在经过两个月的反复对比后，詹森查明，太阳光谱中的这条明亮的黄线与钠光谱中的 D_1 和 D_2 线的位置并不相同，虽然颜色都是黄色的。但他又不能确定这是什么物质的谱线。后来就只好称为 D_3 线了。

一年之后，有人查出，这条称为 D_3 线的神秘黄线，是由太阳大气中的气体发射出来的。再经过两年之后，有人建议将那个能发出 D_3 线的气体叫做氦，并认为这是一种“太阳的物质”。这时人们还没有认识到氦是一种化学元素，并且还错误地以为，地球上不会有氦这种物质。

1868 年 10 月 26 日，巴黎科学院收到詹森在印度进行的日全食观测报告，同时还收到英国天文学家洛克耶尔的一封信，信中所讲内容与詹森的报告几乎完全相同。这件事立刻轰动了法国，两个不同的人同时发现了后来被称为氦的元素，同样是用光谱分析的方法，同样是在距氦存在的太阳 1.5 亿千米的地球上！这再一次显示了光谱分析的神奇威力。

1878 年，为了纪念这一大发现，巴黎科学院铸造了一枚金质纪念章，纪念章的一面是传说中的太阳神驾着金马车的浮雕，另一面就是詹森和洛克耶尔的头像。

尽管当时人们对氦的认识只限于它的光谱特征，但就凭这点认识，研究者借助光谱分析，不久就在诸如猎户星座和白色恒星等一系列星球上发现了氦的踪迹——D_3 线。

大概是所谓的隔行如隔山吧，也或者是人们对氦是“太阳的物质”的深信不疑，所以除天文学家外，很少有人对氦感兴趣，以至于在 1881 年，有一位意大利人报告说他在维苏威火山的火山气中发现了氦时，虽然有许多人可能曾经读到过这篇报道，但仍然对此以怀疑的态度处之，没有人为之动心。但后来在地球上找到了氦，才证明这位意大利人并没有弄错。

1895 年 1 月，在一次有矿物学家参加的关于制取氩化合物的学术报告会上，一位矿物学家受报告的启发，想起从前他在矿物学杂志上读到过的一篇文章，该文章作者是一位分析化学家，他在文章中记述了自己在 1888 年至 1890 年间用硫酸或苏打（碳酸钠）处理沥青铀矿石和钇铀矿石时，析出一种气体，并且他已注意到，析出气体的数量与矿石中铀的含量成正比。按当时的知识水平，实验者曾认为这种气体是氮气。与会的这位矿物学家想，现在看来，这些气体是否与“陌生”的氩有关呢？

维苏威火山

这位矿物学家是梅耶尔斯，他是拉姆塞的朋友，所以在会后第二天一早就写信给拉姆塞，把自己的上述想法告诉了拉姆塞。收到朋友的来信之后，拉姆塞立刻发动自己的助手行动了起来。

他们搜遍了伦敦所有的化学商店，一共也只买到大约 30 克一种含铀、钍和铅的稀有矿物——钇铀矿矿石。于是他们就按照梅耶尔斯介绍的那篇文章中的方法，如法炮制地干了起来。

从 1 月到 3 月，几十天中他们一共才收集到大约 20 立方厘米那么一点儿无色气体。他们是用硫酸长久地“煮”矿石来收集到那点儿气体的。其实后来才知道，不用硫酸煮，只需简单地将该种矿石加热灼烧，就可以把这种结合于矿物晶体中的气体析放出来。后来这种加热灼烧的方法，竟成了一种简单的制取少量氦气的实用方法。

言归正传，当拉姆塞将收集得来的气体进行光谱分析时，很自然地，他在光谱中看到了自己期待的作为氩元素特征的蓝色、橙黄色和绿色的谱线。

但高兴了不多久，他立刻就陷入了迷惑之中。因为当他将这些光谱与从空气中分离得到的氩的光谱比较时，他惊奇地发现，这种从矿石中得来的“氩”的光谱中，有一条与钠的D线几乎重合的明亮的黄线，但与钠的D线之间又有明显的区别，这条黄线是如此之出乎他的意料，使得拉姆塞不得不一次又一次调整他的分光镜，反复地进行光谱观察，最后几乎都有点不敢相信自己了。

拉姆塞是听到和读过关于太阳光谱中奇特的 D_3 线的故事的，但是，“太阳的物质”的观念也深深地影响着他，使他根本就没有去想自己手中的这点儿气体，与那轰动一时的“太阳的物质”——氦有什么联系。

为了解开这条黄线之谜，拉姆塞决心去请教当时最著的光谱分析专家之一的克鲁克斯。他将自己手头气体的样品装入一支细管寄给了克鲁克斯，请求他帮助仔细鉴别一下，并在附信中，他将自己制得的这种气体取名为“氪”，按希腊文“Krypton”是“隐藏”的意思。

克鲁克斯收到拉姆塞的样品后，立刻进行了仔细的光谱分析研究，并在第二天早上就给拉姆塞去了电报说：“氪就是氦，请你来审视。”

拉姆塞赶到后，克鲁克斯指给他看的不仅是明亮的 D_3 线，并且还有氦光谱中特有的红色、蓝色和紫色的一系列谱线。因为这些谱线都不够明亮，以致天文学家在远距离观察太阳光谱时，未能分辨出来。不但如此，还看到 D_3 线本身也是由两条极接近的谱线构成的。后来，借助于高分辨本领的分光镜，天文学家在远距离观测得到的太阳光谱中，也发现了 D_3 线这种双股结构。

到此时，就确实无误地证明了氦并非是太阳所独有的“公民”，在地球上也有着它的存身之所。拉姆塞也就成为第一个准确证明地球上有氦存在的人了。

1895 年 3 月 23 日，拉姆塞正式写信通知英国科学院，报告他发现了地球上的氦。很快地就在地球的一系列矿石和岩石中找到了氦，特别是在含铀和钍的矿石中。继而又在泉水和陨石中也发现了氦。当然，最后也证实了早先意大利人报告在维苏威火山气中发现氦是正确的。

虽然当时拉姆塞手头只有很少一点儿氦气，但是就用这点氦气，他已经在实验研究中查明了这种气体和氩一样是化学“惰性”的，比氢稍重一点儿，只有空气重的1/7。

很显然，既然地壳的岩石、矿石、泉水等到处都可以找到氦，那么这种化学惰性的气体应该有机会不断地逸入大气中，因为他不能以化合物的方式被留在地壳中。第一批企图在空气中找出氦的人，也是拉姆塞和瑞利这一班人。但起初他们并未能获得成功。原因是氦在空气中的含量实在太少了，只有氩含量的1/2000。

直到1898年才最后证实空气中也有氦。

至此，人们发现氦的曲折故事总算暂时可以告一段落。

维苏威火山

维苏威火山是意大利西南部的一座活火山，位于意大利南部那不勒斯湾东海岸，海拔1 281米。维苏威在公元79年的一次猛烈喷发，摧毁了当时拥有2万多人的庞贝城。其他几个有名的海滨城市如赫库兰尼姆、斯塔比亚等也遭到严重破坏。以后仍不断喷发。20世纪的几次喷发是在1906、1929、1944年。低山坡和山麓平原土地肥沃，多种植水果及葡萄。

有用而有趣的氦

氦存在于整个宇宙中，按质量计占23%，但在自然界中主要存在于天然气体或放射性矿石中。

在地球的大气层中，氦的浓度十分低，只有5.2×10^{-5}。在地球上的放射性矿物中所含有的氦是α衰变的产物。

氦在某些天然气中含有在经济上值得提取的量，最高可以含有7%，在美国的天然气中氦大约有1%，在地表的空气中每立方米含有4.6立方厘米的氦，大约占整个体积的0.000 5%，密度只有空气的10/72，是除了氢以外密度最小的气体。

由于氦很轻，而且不易燃，因此它可用于填充飞艇、气球、温度计、电子管、潜水服等。也可用于原子反应堆和加速器、激光器、火箭、冶炼和焊接时的保护气体，还可用来填充灯泡和霓虹灯管，也用来制造泡沫塑料。

由于氦在血液中的溶解度很低，因此可以加到氧气中作为潜水员的呼吸用气体。

液体氦的温度（-268.93℃）接近绝对零度（-273℃），因此它在超导研究中用做超流体，制造超导材料。液态氦还常用做冷却剂和制冷剂。在医学中，用于氩氦刀以治疗癌症。

它还可以用做人造大气层和激光传媒的组成部分。

氦气可以用于保存尸体，毛主席水晶棺材内的气体即为氦气。

因为氦气传播声音的速度差不多为空气的三倍，这会改变人的声带的共振态，于是使得吸入氦气的人说话的声音的频率变高。这个有趣的现象使得吸入氦气的人说话尖声细气。这种现象经常被错误地解释为音速的提高直接导致声音频率的增加，或者氦气使得声带振动变快

需要注意的是，如果大量吸入氦气，会造成体内氧气被氦取代，因而发生缺氧（呼吸反射是受体内过量二氧化碳驱动，而对缺氧并不敏感），严重的甚至会死亡。

另外，如果是由高压气瓶中直接吸入氦气，那么其高流速就会严重地破坏肺部组织。大量而高压的氦和氧会造成高压紧张症状。

氖、氪、氙等元素的发现

门捷列夫在他的周期表中留有空位，并预言了类硼、类硅等11种元素的存在和它们的主要物理、化学性质。门捷列夫也没有想到，在他的有生之年，居然能亲眼看到自己的预言中有3种元素相继被发现。而以后的科学发展使门捷列夫的大部分预测都变成现实，元素周期律作为具有普遍指导意义的真理已不再有人怀疑。因此，它也成为人们继续寻找新元素的指

路明灯。

拉姆塞是周期律的坚定拥护者。当氩这个元素社会的“不速之客”出现，尤其是当他在地球上又找到氦，并仔细地研究了氩与氦之后，他开始考虑到，氦和氩的化学性质是如此相似，又如此奇特，它们绝不能归入所有已知元素的某一类（族）。而按元素周期律，元素的化学性质是周期性地出现“重复”的，那么它们也应是由若干个成员构成的元素族，而不能只是孤单的一两个。

拉姆塞应用气体密度、定压热容与定容热容之比值，计算出氦和氩的原子量分别为4.2和39.9。按原子量的大小，在周期表中，氦应排在氢和锂之间，而氩应排在氯和钾之间，然而当时的周期表中却没有它们的位置。该怎么办呢?

1894年5月24日，拉姆塞在给瑞利的信中提出“您可曾想到，在周期表的第一行（即第一周期）最末的地方，还应有空位留给气体元素这种事吗”?他建议在周期表中列出一族新元素的位置，这族元素暂以氦和氩为代表。

1896年，拉姆塞在他的《大气中的气体》一书第一版中，就编制了一张排有氦和氩的周期表，并写道：“伟大的俄罗斯科学家门捷列夫提出关于元素周期分类的假说，把元素分成若干组，每组元素表现出它们化学性质和化合物化学式的相似性……按此类比，可以预言在氦和氩之间应存在一个原子量为20的元素，并像这两个元素一样的不活泼。新元素应具有特性光谱。较氩不易凝结。同样可以预言。还存在两个同类的气体元素，其原子量分别为82和129。”

在这里，拉姆塞和门捷列夫一样，根据周期律对零族三个成员，即后来发现的氖、氪、氙作出了预言。

与门捷列夫不同的是，拉姆塞在周期律理论指导下所作的预言，是靠自己亲自动手，按既定目标去找出预言中的新元素来证明自己的预言的。

为了寻找自己预言中原子量接近20，密度接近10的那个目标元素，拉姆塞收集了150多种矿石，20多种泉水以及各种陨石，从中取得气体样品，认真地进行了光谱分析。但除了见到已知的氦和氩的谱线外，任何能证明有新元素存在的迹象都看不到。

在总结失败的实验的过程中，拉姆塞想到，是否也像氩隐藏在氮中，空气中氦又隐藏在氩中那样，在氦和氩中就隐藏着这个新气体呢?

想到此，他就立刻意识到，要从空气中或氩中分离出他所寻找的新元素和从空气中分离氩的情况有很大的不同。从空气中分离氩，就像前面所讲过的，可以选择不同的物质，使其与空气中的氧、氮、二氧化碳和水蒸气进行化学反应，一一将其分别除去就剩下氩了，可是要想把氩除去得到氩同类的气体，那就不可能使用化学方法了，因为这时要分开的是与氩性质相近、化学惰性、不能与其他物质发生化学反应的物质。

因此，拉姆塞只好选择另一种方法，即先将空气液化成为液体空气，然后再让它汽化变成气体，这时液体空气中的各成分因沸点不同，在液体空气再汽化（蒸发）时，沸点低的成分先蒸发变成气体，沸点越高的成分则越难汽化，而一一分成各组分。这个过程就是工业上很重要的称为精馏的过程。

幸运的是，拉姆塞所处的19世纪末，制冷技术使液体空气的制取、保存及运输都已可以保证实验用的液体空气的需求。

在不断的实验实践中，拉姆塞和他的助手们都知道，在液体空气精馏时，氦是第一个蒸发（汽化）成分，因为它是空气所有成分中沸点最低的（-269℃）。而想找的新气体，按它在周期表中预测的位置，其挥发性（汽化的容易程度），以及其他性质判断，都应介于氦和氩之间。也就是说，应该在液体空气蒸发时得到的氦（馏分）中去寻找。

由于理论指导下分析判断的正确，很快就得到成功。实验者终于在液体空气精馏的氦馏分（即精馏过程中取得的以氦为主要成分的馏出物）中找到了新气体元素，将之命名为氖，元素符号为Ne。其意思来源于希腊文：Neos，即“新的”一词。这时是1898年6月12日。

零族的另一成员氪的发现，是在发现氖之前几天，1898年5月30日，并且几乎是偶然的，是拉姆塞起初想从液体空气蒸发的残液中分离氦的错误做法的意外成果。

在残液的光谱中，拉姆塞发现了两条分别为黄色和绿色的明亮谱线。按其分配位置与已知的任何元素的都不同，证明是发现了新元素，新元素比氩重1倍，空气中的含量是氦的1/5，即相当于在空气中的体积百分比为0.000 1%。新元素被命名为氪，元素符号为Kr。其意是来源于希腊文Kryptos（“隐藏”）一词。

将液体空气的低沸点成分分离出去之后，剩下的残液是提取氪的原料。

但拉姆塞在多次实验中总是发现，在提取氪之后，容器中总会出现一些天蓝色的小气泡。将其进行光谱分析时，可以看到从橙黄色到紫色的特殊谱线。将其与所有已知元素的谱线对比结果，证明又是一个新元素，将其取名为氙，元素符号为 Xe，氙来源于希腊文 Xenos（“奇异的”）一词。

到 19 世纪末的最后几年，世人已经知道有 5 个零族成员被发现，没有人怀疑他们应在周期表中有自己的位置了。不但如此，他们当中的氖、氪、氙更是在元素周期律理论指导下，有目的地发现的。

所以，如果说镓、钪、锗等元素的发现，是无意中证明了周期律的预见性的话，那么，零族元素成员的发现，则是人们主动遵从周期律的指导而完成的新元素的发现。这更说明在科学研究中掌握正确科学理论的重要性了。

1900 年 3 月 16 日，门捷列夫和拉姆塞在伦敦会面了，经过两人认真的讨论，认为有必要在原来的元素周期表中，增加零族一族的位置，由于它们都是化学惰性的，即不能与别的元素或化合物发生化学反应，被认为其化合价为零，而把他们单列于周期表中，并以“0”（零）作为他们这族的称号。

1903 年，门捷列夫的《化学原理》一书的第七版问世，其中的周期表第一次加上了零族元素的位置，完成了现在化学元素周期表完整的基础形式。

精　馏

精馏是一种利用回流使液体混合物得到高纯度分离的蒸馏方法，是工业上应用最广的液体混合物分离操作，广泛用于石油、化工、轻工、食品、冶金等部门。

精馏操作按不同方法进行分类。根据操作方式，可分为连续精馏和间歇精馏；根据混合物的组分数，可分为二元精馏和多元精馏；根据是否在混合物中加入影响汽液平衡的添加剂，可分为普通精馏和特殊精馏（包括萃取精馏、恒沸精馏和加盐精馏）。若精馏过程伴有化学反应，则称为反应精馏。

拉姆塞简介

威廉·拉姆塞1852年出生于格拉斯哥。其舅父安德鲁·拉姆塞是一位地质学家。

威廉·拉姆塞从格拉斯哥学院毕业后，进入格拉斯哥大学，期间师从化学家托马斯·安德森。后来又到德国图宾根大学，在另一位化学家威廉·鲁道夫·菲蒂希的指导下完成博士论文。博士毕业后，他回到格拉斯哥，在安德森学院担当托马斯·安德森的助手。1879年，拉姆塞被布里斯托尔大学任命为化学教授。1881年，他与玛格丽特·布坎南结婚。

学术研究1887年起，威廉·拉姆塞到伦敦大学学院担任化学系主任。他一生最著名的研究成果正是出自这一时期。1885年至1890年间，他发表了几篇关于氮氧化物的重要论文。这些研究为他后来更杰出的成果奠定了基础。

1894年4月19日傍晚，拉姆塞参加了瑞利举办的一个讲座。瑞利此前发现用亚硝酸铵分解法得到的氮气与从空气中提取到的“氮气”具有不同的密度。瑞利与拉姆塞讨论后决定共同探索这一现象的原因。他们立即在各自的实验室里对此展开研究，并几乎每天保持联络，互相通报工作的进展情况。同年8月，拉姆塞和瑞利宣布发现氩元素。1895年，他从钇铀矿中分离出氦，证明了这种之前仅被法国天文学家皮埃尔·让森在太阳光谱中观测到的元素在地球上也存在。随后的几年，拉姆塞又相继发现了氖、氪和氙。1903年，他与弗雷德里克·索迪合作在镭放射中探测到氦。1910年，他与罗伯特·怀特洛—格雷一起分离出氡，并测定其密度为已知气体中最高。

1904年，因为“发现空气中的惰性气体元素，并确定它们在元素周期表中的位置”，威廉·拉姆塞被授予诺贝尔化学奖。

威廉·拉姆塞居住在白金汉郡的海威科姆，直至1916年7月23日因鼻癌去世。海威科姆有一所建于1976年的中学为纪念威廉·拉姆塞而被命名为“威廉·拉姆塞爵士中学”。

氡元素的发现

在氦、氖、氩、氪、氙先后被发现之后，周期律预示的那个第六周期的零族成员，自然就成了研究者追寻的目标。

拉姆塞这位因坚信周期律的真理性而大获成功的化学家，对这位零族“老六”所作的预言是：应该是很重的气体，在相对高的温度时就能液化为液体和凝固为固体。

尽管这样的预测无疑是正确的，但这对于寻找这位“老六”的指导意义，却比较不那么有效。正因如此，拉姆塞想仍按寻找氦、氖、氪、氙那样的思路，从液体空气精馏中去找氡，却经历了三年的失败。

而零族这第六个成员的发现，是另一种曲折的路，与19世纪末20世纪初原子核物理学的发展成就紧密相关，或者说与放射性现象的发现和研究紧紧相连。后来被命名为氡的这位零族老六，本身就是放射性的，它时时刻刻地在放射性蜕变中改变着自己。

卢瑟福用实验证明，放射性元素所放射的射线共有三种。他用希腊字母分别称为α射线、β射线和γ射线。他还进一步证明，α射线就是带两个单位正电荷的氦的原子核（也称为α粒子），β射线是高速运动的电子束，而γ射线则是高能电磁波，不带电。γ射线与X射线的区别就在于γ射线是能量比X射线高得多的电磁波，或者说γ射线是波长比X射线更短的电磁波。而它们两者与可见光的区别实质上也只是波长更短而已。

γ射线能量大，又不带电，所以穿透物质的本领更大。例如γ射线可以穿透30厘米厚的钢板，这是X射线做不到的。

放射性现象的发现、放射性元素的研究，开辟了核化学研究的一个新领域。

在19世纪末，研究者发现了一些令人费解的、需要加以说明的观察结果。英国人克鲁斯从铀中分离出一种物质，数量极小但放射性比铀更强，他把这种未知物称为“铀X”。而贝克勒尔在研究中也发现，经过提纯的放射性较弱的铀，不知何故，其放射性会随时间而增强，放置一段时间后，会从中产生出放射性强的“铀 X”来。换句话说，铀会通过本身的放射射线而转变为放射性更强的“铀 X”。

卢瑟福也从钍中分离出一种放射性更强的“钍 X”，并且“钍 X”会连续不断地由钍中产生出来。于是卢瑟福和他的助手，即化学家索迪总结说：放射性原子在放射射线的过程中，一般会转变成另一种放射性原子。

于是，物理学家和化学家开始去研究和寻找这种转变，最终找到了从一个母体元素开始的 3 个放射性“转变”系列：

一个从铀开始，经过 5 次蜕变步骤转变到镭，镭再经过八步蜕变为铅；

一个从锕开始，经 11 步蜕变，最终也生成铅；

一个从钍开始，经过 10 步蜕变，最后也生成铅。

在这些放射性蜕变中，还可以看到一些“分义”的蜕变，但主要蜕变途径是上述 3 条。由于这 3 个放射性系是在自然界存在而发生的，所以称为 3 个天然放射系，有别于以后出现的人工放射系。

在放射性蜕变的研究中，先是卢瑟福发现钍不仅放射射线，同时还放出气体产物，被称为射气。1900 年，多恩在德国，德比埃尔内在法国都发现镭在放射性蜕变时，也放出一种气体，到 1903 年，吉塞尔和德比埃尔内又在锕的蜕变中发现一种射气。于是这些气体分别被称为钍射气、镭射气和锕射气，或简称为射钍、射镭和射锕。

起初，由于收集到的这些气体的数量太少，没能对它们做进一步的研究，辨认不出原来这三者竟是同一元素的 3 种不同的同位素。

1903 年，还是那位拉姆塞，先是对射气进行了初步的研究，在同一年，他和索迪合作，从溴化镭的放射产物中，获得了 0.1 毫升（大约只有一颗大头针的针头那么大小的体积）的镭射气。靠着他们的智慧和高超的分析技术，经过艰苦的研究，到 1908 年，他们才断定镭射气是一种新元素，并且它与已知的零族成员一样，是化学惰性的。给它取名为“niton”，是从希腊文“niteo”一词而来，意为“发光”，因为这个新元素在黑暗中能够发光，也能使某些锌盐发光。这个新元素的化学名叫 radon，元素符号为 Rn，中国名叫做氡。

两年后，拉姆塞与瑞利合作，测定出这个新元素的原子量为 222，并确定了它在周期表中的位置是在第六周期，排在零族第五个成员氙下面的空位上。

至此，零族的“老六”总算现身于“人世”了。

放射系

放射系是重放射性核素的递次衰变系列。共有4个放射系，它们彼此独立。这些重放射性核素的电荷数Z都大于81。自然界存在3个天然放射系，其母核半衰期都很长，和地球年龄相近或大于地球年龄，因而经过漫长的地质年代后还能保存下来。一些人工制造出的超铀元素，可衰变为各放射系的母体核素，因而可衔接在各放射系上面。

氡的用途及危害

氡是地壳中放射性铀、镭和钍的蜕变产物，是一种稀有气体，因此地壳中含有放射性元素的岩石总是不断地向四周扩散氡气，使空气中和地下水中多多少少含有一些氡气。

氡无色、无味；熔点 -71°C，沸点 -61.8°C。易溶于有机溶剂，如煤油、二硫化碳等中；氡很容易吸附于橡胶、活性炭、硅胶和其他吸附剂上。

氡较容易压缩成无色发磷光的液体，固体氡有天蓝色的钻石光泽。氡的化学性质极不活泼，已制得的氡化合物只有氟化氡，它与氙的相应化合物类似，但更稳定，更不易挥发。氡主要用于放射性物质的研究，可做实验中的中子源；还可用做气体示踪剂，用于研究管道泄漏和气体运动等。

强烈地震前，地应力活动加强，氡气不仅运移增强，含量也会发生异常变化，如果地下含水层在地应力作用下发生形变，就会加速地下水的运动，增强氡气的扩散作用，引起氡气含量的增加，所以测定地下水中氡气的含量增加可以作为一种地震前兆。

由于氡是一种放射性元素，为19种致癌物质之一。

氡对人体健康的危害主要有两个方面，即体内辐射和体外辐射。

体内辐射主要来自于放射性辐射在空气中的衰变，从而形成的一种放射性物质氡及其子体。氡是自然界唯一的天然放射性气体，氡在作用于人体的同时会很快衰变成人体能吸收的核素，进入人体的呼吸系统造成辐射损伤，诱发肺癌。

体外辐射主要是指天然石材中的辐射体直接照射人体后产生一种生物效果，会对人体内的造血器官、神经系统、生殖系统和消化系统造成损伤。

同位素的发现：原子量颠倒问题的解决

20 世纪原子物理和原子核物理的发展，将周期律与物理学紧密地联系起来，对元素性质的周期性变化有了更科学的了解。

1902 年，卢瑟福和索迪就提出元素嬗变理论，打破了长期以来认为化学元素不变的观念。

1909 年，瑞典化学家斯特龙霍姆和斯韦德伯指出，这些化学性质十分相似的元素在周期表中应占据同一个位置。

1913 年，在这方面已经做了大量研究的索迪接受上面的观点，提出了“同位素”的概念。提出：一种化学元素可以有几种原子量不同，放射性不同，但化学性质完全相同的原子。因此，在周期表中处于同一位置。

同位素概念的提出，使人们对“化学元素”有了新的认识。化学元素不再只代表一种原子，而是可以代表几种原子，这些不同原子尽管在原子量、放射性等物理性质上不同，但在化学性质上则是相同的。

此外，索迪在放射性物质的研究中，还提出了放射性物质蜕变的位移定律。

尽管同位素理论和位移定律的提出，都是凝集了众多科学家的科研成果。但大家都公认是索迪提出了主要的实验证据。所以，1921 年的诺贝尔化学奖授予索迪，而 1922 年的诺贝尔化学奖授予了英国的亚斯顿，因为他研制出世界第一台质谱仪，并用以准确测量原子质量、分子质量；发现大量核素和同位素——他发现了天然存在的 287 种核素中的 217 种，在用氖做试验中，发现了非放射性元素也有同位素。

至此，就需要创造一种同位素的表示法。在此之前，元素符号也就代表原子符号，因为在同位素发现之前，人们认定一种元素只有一种原子。

现在知道，元素化学性质是随原子核电荷数，即质子数从小到大周期性变化的，而核内质子数决定元素在周期表中的排列的顺序，其值称原子序数。

据此，可将同位素做如下表示：即用元素符号来说明同位素所属的元素，并在元素符号左下角标出该元素的原子序数，而在元素符号的左上方标出同位素的质量数（即原子核中质子数和中子数之和）。因为同一元素不同种同位素的决定性差别就是它们的质量数，这样，元素氢有三种同位素：氢、重氢、超重氢，可分别表示为：${}_{1}^{1}H$、${}_{1}^{2}H$、${}_{1}^{3}H$。

同样，${}_{8}^{16}O$、${}_{8}^{17}O$、${}_{8}^{18}O$ 则分别表示氧元素的 3 种不同同位素。在我国有时也称为氧—16、氧—17、氧—18 等，其他元素的同位素用类似方法表示。重氢和超重氢比较特殊，它们有专用的同位素名称和符号，${}_{1}^{2}H$ 称为氘（符号为 D），${}_{1}^{3}H$ 称为氚（符号为 T），在讨论核化学反应时常用到。

表述化学反应用化学方程式，这是读者熟知的，在表述核反应时用核反应方程式，这时表示的是某同位素与某同位素（或核子）的反应，因此，要用同位素表示。

例如 1919 年卢瑟福和他的助手威尔逊证明，氮原子核俘获一个 α 粒子（即氦的核）后，放出一个氢核而转变为 ^{17}氧同位素。

更仔细一点儿的说明是，^{14}氮这个氮的同位素，与氦的同位素 ^{4}氦反应，转变为 ^{17}氧这个氧的同位素，同时放射出一个氢核，${}_{1}^{1}H$ 也称质子，专用符号为 P。

这里用到方程式的概念，是强调类似于化学方程式必须在反应前后两边的质量相等，这里也一样。上述核反应式中反应前的质量数为 $14+4=18$，反应后的质量数为 $17+1=18$，两边相等；同时质子数也应相等，反应前 $7+2=9$，反应后是 $8+1=9$，也是相等的。

又如，1934 年 1 月，约里奥·居里夫妇（居里夫人的女婿和女儿）用 α 粒子轰击铝，得到了一种自然界不存在的放射性同位素磷—30（${}_{15}^{30}P$）。磷—30 再进行放射性蜕变得出稳定（非放射性）的同位素硅—30（${}_{14}^{30}Si$）。

同位素的发现说明一种元素可以由多种不同原子构成，因此，要表示同位素就得指明：

1. 是哪个元素的同位素；

2. 要表明是该元素的哪种同位素。

同位素的发现，使人们对原子结构的认识更深一步。这不仅使元素概念有了新的含义，而且使相对原子质量的基准也发生了重大的变革，再一次证明了决定元素化学性质的是质子数（核电荷数），而不是原子质量数。

也就是说，在元素周期表中，排在前面元素的原子量反而比排在后面元素的原子量大也是正常的。

元素嬗变理论

1902 年，物理学家卢瑟福与化学家索迪合作在对铀、镭、钍等元素的放射性研究中，提出了放射性元素的嬗变理论：放射性原子是不稳定的，它们自发性地放射出射线和能量，而自身衰变成另一种放射性原子，直至成为一种稳定的原子为止。这一理论轻而易举地解释了放射性元素为什么会放出巨大能量，并提出了“原子能”的概念。导致了对原子内部的新的认识。

同位素在我国的应用

同位素和其他核技术的开发应用，是和平利用核能的重要方面，也是核工业为国民经济和人民生活服务的一个重要内容。

1982 年，核工业部成立了中国同位素公司，负责组织同位素生产、供应和进出口贸易。中国核学会成立了核农学、核医学、核能动力、辐射工艺、同位素等 19 个分会。并多次召开各有关专业会议，推广核能、同位素和其他核技术的应用。

我国同位素能生产的品种越来越多，包括放射性药物、各种放射源、

^{3}氢、^{14}碳等标记化合物、放化制剂、放射免疫分析用的各种试剂盒和稳定同位素及其标记化合物等。同位素的生产单位中中国原子能科学研究院同位素的生产量，就占全国的总量的80%以上。我国同位素在国内的用户，由过去主要依靠进口，逐步转为大部分由国内生产自给。

随着同位素生产的发展，进一步促进了同位素和其他核技术在许多部门的应用，并取得了明显的经济效益和社会效益。

农业方面，采用辐射方法或辐射和其他方法相结合，培育出农作物优良品种，使粮食、棉花、大豆等农作物都获得了较大的增产。利用同位素示踪技术研究农药和化肥的合理使用及土壤的改良等，为农业增产提供了新的措施。其他如辐射保藏食品等研究工作，也取得了较大的进展。

医学方面，全国有上千家医疗单位，在临床上已建立了百余项同位素治疗方法，包括体外照射治疗和体内药物照射治疗。同位素在免疫学、分子生物学、遗传工程研究和发展基础核医学中，也发挥了重要作用。

莫塞莱定律与周期表的改进

我们再回头看看门捷列夫最初的周期表。那时，原子量大于钡（Ba）的位置大多是空的，而某些已发现元素却无法列入表中。之后，人们相继发现了门捷列夫预言的若干种元素，使得周期表中轻元素的位置几乎填满。尽管门捷列夫的周期表已被广泛接受，但是，重元素的排列问题仍没有解决，而这对于周期表来说却又是十分致命的。

原因之一是当时重元素的原子量测量有很多错误，使得在门捷列夫周期表中把铀放在了锡元素附近。当时铟、镧、钍等元素的原子量只是真实值的1/2或2/3。这些原子量的测量错误在以后得到了解决，钍和铀成了最重的元素。

原因之二是稀土类元素问题的解决花费了人们50多年的时间。人们对稀土类元素的研究可以追溯到18世纪末。当时芬兰化学家加多林在从瑞典的斯德哥尔摩附近采集来的矿石中发现了新的金属氧化物，命名为三氧化二钇，那时一般都将金属氧化物称做土类，因其珍稀，故称稀土金属。

之后，1828年，韦勒从三氧化二钇中分离出钇。同时黑新格尔研究小组也发现了含有稀土金属的矿石，命名铈硅石，随后从中分离出铈。

稀　土

这以后虽在三氧化二钇和铈硅石中发现了多种元素，但确定这些元素并不简单。起初认为是单一元素的物质，经仔细研究后发现是几种元素的混合物。

1843年，莫桑德从“钇土”中分离出铽和铒，他曾在1839年就因从“铈土”中分离出镧和钕镨混合物而令人震惊。这种钕镨混合稀土Di先前曾在八音律图中出现过。

然而，1879年德·布瓦博德兰从钕镨混合稀土中分离出钐，1885年佩洛泽贝奇进一步从中分离出镨和钕，钕镨混合稀土这种“元素”就此不复存在。而在这之前的46年间钕镨混合稀土一直被人们视为单一元素。

这些元素化学性质相似，所以一开始人们认为它们是一种元素，后来经研究渐渐发现它们是几种元素的混合物，但当时没有人敢断定这些元素中是否还含有其他物质。解决这一问题的功臣是以前讲过的光谱分析法。依据此法确定了6种稀土元素。

然而，光谱分析法中也存在着始所未料的弱点。依据这种方法，从1878年开始的8年间，陆续报道发现了约50种新的稀土元素。这对于周期表来说，是个非常棘手的问题。一方面是因为对带状光谱不可克服的错误理解，另一方面由于少量杂质使当时的光谱线出现混乱，这是光谱分析法的局限性。

稀土元素最大的特点是它们的化学性质非常相似，化合价都是3价，原子量都在钡Ba和钽Ta之间等等，使得它们在周期表中的排列位置让人煞费苦心。将镧排在钇下面较为合理。铈有3价和4价的化合价，可以放在锆Zr下面，但用同样方法将其他的稀土元素放在铌Nb或钼Mo下面却行不通了。

1907 年发现镥 Lu 元素后，可以确定的稀土元素有 14 种。只有将这些元素按原子量的顺序叠放在镧上，然而在当时，既不能保证这些元素就不是混合物，同时也不能回答为什么周期表中只在此处有这么多化学性质类似的元素。

要解决这个问题只能依赖其他领域的研究，这包括英国物理学家莫塞莱的 X 射线谱线定律和丹麦玻尔的原子结构理论。

莫塞莱定律解开了稀土元素之谜，将所有元素编上序号，同时预测了未发现元素的位置。

莫塞莱定律

物质在电子射线（阴极射线）作用下，能发射出构成该物质的元素所具有的特定波长的 X 射线，称这种 X 射线为特征 X 射线。莫塞莱利用 X 射线能在晶体中衍射的性质，制成精密测量 X 射线波长的 X 射线光谱仪，用以测定各种元素的特征 X 射线。

每种元素波长最短的特征 X 射线称为 KX 射线，莫塞莱首先测定了多种元素 KX 射线的波长，发现“KX 谱线的频率大致与这种元素的原子序数的平方成正比”。这就是莫塞莱定律。频率 ν 与波长 λ 成反比，给出公式 $\nu = /c\lambda$。c 是光速。设原子序数为 Z 莫塞莱定律可用下式表示：

$\nu = aZ^2$，a 是比例常数

原子序数以氢开始按周期表中的顺序分别是 1，2，3，…。周期表中位置不确切的元素，可以根据莫塞莱定律从 KX 谱线的频率来计算其原子序数。从而确定其在周期表中的位置。

金的原子序数 79，铀 92 便是依据这种方法确定的。同时证明当时发现的 14 种稀土元素确实是不同种元素，且化学家确定的元素顺序以及将它们排在钡和钽之间的位置也准确无误。这样持续已久的稀土元素之谜终于有了圆满的答案。

1923 年发现铪，将铪放在锆下面，而稀土元素到镥结束，因此将所有稀土元素放在钇下面的一个位置上，同时，根据莫塞莱定律确定了钕和钐之间有尚未发现的元素。

根据玻尔理论，KX 谱线的频率与原子核中电荷数的平方成正比。这

样，莫塞莱定律中的原子序数就表示原子核的电荷数，而周期表中元素的排列顺序就意味着是原子核中电荷数多少的顺序。

波　长

波长是一个物理学的名词，指在某一固定的频率里，沿着波的传播方向、在波的图形中，离平衡位置的“位移”与“时间”皆相同的两个质点之间的最短距离。波长反映了波在空间上的周期性。横波与纵波的波长指在横波中波长通常是指相邻两个波峰或波谷之间的距离。在纵波中波长是指相邻两个密部或疏部之间的距离。

稀土元素的应用范围

农业领域：目前发展有稀土农学、稀土土壤学、稀土植物生理学、稀土卫生毒理学和稀土微量分析学等学科。稀土作为植物的生长、生理调节剂，对农作物具有增产、改善品质和抗逆性三大特征；同时稀土属低毒物质，对人畜无害，对环境无污染；合理使用稀土，可使农作物增强抗旱、抗涝和抗倒伏能力。

冶金工业领域：稀土在冶金工业中应用量很大，约占稀土总用量的1/3。稀土元素容易与氧和硫生成高熔点且在高温下塑性很小的氧化物、硫化物以及硫氧化合物等，钢水中加入稀土，可起脱硫脱氧改变夹杂物形态作用，改善钢的常、低温韧性，抗断裂性，减少某些钢的热脆性并能改善加热工性和焊接件的牢固性。

石油化工领域：稀土用于石油裂化工业中的稀土分子筛裂化催化剂，特点是活性高、选择性好、汽油的生产率高。稀土在这方面的用量很大。

玻璃工业领域：稀土在玻璃工业中有3个应用：玻璃着色、玻璃脱色和制备特种性能的玻璃。用于玻璃着色的稀土氧化物有钕（粉红色并带有紫色光泽）、镨玻璃为绿色（制造滤光片）等；二氧化铈可将玻璃中呈黄绿色的二价铁氧化为三价而脱色，避免了过去使用砷氧化物的毒性，还可以加入氧化钕进行物理脱色；稀土特种玻璃如铈玻璃（防辐射玻璃）、镧玻璃（光学玻璃）。

填补元素周期表的空位

从19世纪末到20世纪初陆续发现了多种元素，1923年发现铪、1925年发现铼之后，周期表中只有原子序数为43、61、85和87的4个空位没有填充，这时周期表接近完成。

43号元素锝的发现

意大利物理学家谢格雷（1936年）到美国后，加利福尼亚大学的劳伦斯给了他一块由回旋加速器加速重氢离子（重质子）而照射的钼碎片。那时，只有加利福尼亚大学的回旋加速器，才能使钼等原子序数大的元素发生核反应。钼的原子序数是42，重氢离子同它发生核反应，应该生成原子序数多1的43号元素。

回到意大利后，谢格雷立刻着手对这块钼的碎片进行化学分析，但在此反应中，即使生成了43号元素也是极微量的，按预计，达不到足够测量的重量。

43号元素位于周期表中锰之下，铼之上，谢格雷将锰和铼混合进行化学操作，从这一钼的碎片中分离出与铼性质相似的放射性物质，它虽与铼相似，却并不是当时已知的某种元素。这样谢格雷就确定发现了43号元素。谢格雷取人工制造之意，将其命名为锝Tc。

长期以来，让很多化学家苦苦寻找的43号元素就这样由人工方法制了出来。现在，已发现锝的很多同位素都具有放射性，没有一个稳定同位素，锝也是最早的人工元素。

像锝这种人工元素，乍看与我们日常生活毫无关系，但是，近年来它在医学中越发显示其重要性。在原子反应堆中，钼吸收一个中子，生成^{99}Mo。^{99}Moβ衰变成半衰期为6小时的^{99m}Tc，^{99m}Tc放射0.14MeV的γ射线。这种低能量的γ射线很容易检测，所以一般探测器就能探测少量^{99m}Tc，而且，它无β和α射线，半衰期短，对人体影响小。因此，锝（^{99m}Tc）是一种广泛应用于核医学中的放射性核素。现在，已将锝的各种化合物作为药品，应用于医学中的诊断或检查。

锝在自然界中并不存在，似乎与我们的生活相距甚远，但它通过医疗这一桥梁，与我们紧紧联系在一起。

87号元素钫的发现

第一种被发现的87号元素的同位素是长期被忽略了的天然锕系家族中的一个成员。

1914年，德国研究者已经指出纯锕（89号元素）发射α粒子，所以应当衰变成87号元素。

在镭研究所居里实验室工作的法国女物理学家彼丽（M. M. Perey）于1939年分离铀的衰变产物时指出：^{227}Ac除放射β粒子转变为^{227}Th外，还有1.4%的分支比经由α发射而衰变。她指出这种α发射导致了一种半衰期为21分钟，能发射β粒子的新元素的产生。彼丽经过仔细的化学实验后，她确认是87号元素的同位素^{223}87。彼丽进一步证明该元素具有碱金属的化学性质。例如它不能用硫化物或碳酸盐沉淀方法从溶液中除去，但是它能在溶液中和高氯酸铯或氯铂酸铯一起结晶出来。

彼丽行使了她命名该元素的权利，建议为“francium”（中文名为钫），符号为Fr，以纪念她的祖国——法国（France）。

除了自然界中存在的最重要的钫的同位素^{223}Fr外，目前尚有31种钫的同位素（质量数从200～232）和7种同质异能素。

85号元素砹的发现

85号元素的第一种同位素是在1940年用人工方法生产的。当时科尔森、麦肯齐和塞格瑞在加利福尼亚大学的回旋加速器上，用30 MeV的氦离子轰击铋靶，生产了质量数为211，半衰期为8.5小时的放射性同位素。核反应如下：

$$^{209}Bi + ^{4}He \longrightarrow ^{211}85 + 2n$$

这些研究者应用示踪技术，研究了85号元素的化学性质。他们发现这种元素的行为在很多方面像一个金属，比卤族元素更具有正电性。这是不足为奇的，因为它靠近最重的卤族元素的一端。

$^{211}85$ 同位素的衰变纲图是非常有趣的。其中59%的分支经历α衰变，生成铋的同位素（^{207}Bi）；而41%经历轨道电子俘获，生成钋的同位素（^{211}Po）。后者为大家熟知的天然放射性AcC′，因有一个半衰期为0.5秒的α粒子发射，衰变至稳定的^{207}Pb。

科尔森运用他们的权利，提议85号元素取名为“Astatine”（中文名为砹），符号为At。该名词源于希腊文“astatos”（英文为lmstable），表示“不稳定”的意思，就像卤族元素那样，故而从该元素的名字就可了解它的性质。

几年以后，在维也纳镭研究所从事工作的凯立克和贝纳特获得了在3种天然放射系中存在砹的放射性同位素的证据。他们发现钋的α发射体。^{215}Po、^{216}Po和^{218}Po经过β^-分支衰变，分别生成寿命很短的具有α放射性的砹的同位素：^{215}At、^{216}At和^{218}At。

砹的另一个有趣的同位素是在二战期间，进行有关核能计划研究时发现的。一个美国研究组和一个加拿大研究组在进行各自独立的研究时，从一种新的、很重要的、可裂变的铀同位素（^{233}U）衰变产物中，找到了具有α发射的同位素^{217}At，它以大约0.03秒的半衰期进行衰变。

迄今为止，已知砹有28种放射性同位素和11种同质异能素。半衰期最长的砹的同位素是^{210}At，约为8.3小时。

这样在92个元素中，剩下的只有61号一个元素了。

周期表最后的空位填上了

从原子序数为57的镧开始是稀土元素，它们化学性质相似，难以分离。而周期表中最后剩下了原子序数为61的稀土元素尚未填充，这是由美国奥格里基研究所用早期原子反应堆人工合成而完成的。

把60号的钕放入原子反应堆中，钕吸收中子后陛成放射性同位素^{147}Nd、^{149}Nd，另外确认铀裂变的产物中有^{149}Nd，该核素发生β衰变后原子序数增加 1，成为 61 号元素的一种同位素：$^{146}_{60}Nd + ^{1}_{0}n \longrightarrow ^{147}_{60}Nd \xrightarrow{\beta} {}^{147}61 + e + \nu$ $^{148}_{60}Nd + ^{1}_{0}n \longrightarrow ^{149}_{60}Nd \xrightarrow{\beta} {}^{149}61 + e + \nu$

这种新元素的两种同位素质量数分别为 147 和 149，其 β 衰变的半衰期分别是 2.6 年和 53 小时。61 号元素的发现依赖了当时新开发的离子交换法，61 号元素的同位素都具有放射性，自然界中并不存在。

将这一元素称做“钷（Pm），是根据希腊神话中给人类带来火的普罗米修斯命名的。

这样，就全部发现了从氢到铀的 92 种元素。周期表也大体完成。

在这 92 种元素中有 3 种是人工元素，天然的钫的同位素 ^{223}Fr 含量非常少，且 α 衰变生成 ^{99}At。因此，尽管含量极少，但也应该将钫看做是天然存在的元素。

回旋加速器

回旋加速器是一种粒子加速器。回旋加速器通过高频交流电压来加速带电粒子。大小从数英寸到数米都有。它是由欧内斯特·劳伦斯于 1929 年在柏克莱加州大学发明。

回旋加速器的基本构成是两个处于磁场中的半圆 D 型盒和 D 型盒之间的交变电场。带电粒子在电场的作用下加速进入磁场，由于受到洛伦兹力而进行匀速圆周运动，每运动到两个 D 型盒之间的电场时在电场力作用下加速，之后再次进入磁场进行匀速圆周运动。由于在磁场中回旋半径与速度成正比，故当回旋半径大于回旋加速器半径时，带电粒子达到最大速度。

为什么自然界中没有锝和钷

人工合成的锝和钷有很多同位素，但都具有放射性，而且不稳定。

除了这两种元素外，从氢到铋的81种元素中，都有1~10个天然同位素，原子序数是奇数的元素，其天然的稳定同位素少，只有1~2个。其中除去较轻核素（^{2}H、^{6}Li、^{10}B、^{14}N）和两三个例外（^{50}V和^{176}Lu的半衰期比地球年龄都长，虽天然存在，但严格讲它们仍是不稳定的核素），质量数都是奇数。

质量数是奇数的，一个质量数就只有一种稳定核素。质量数相同的多种核素中哪个是稳定的。这由原子质量的大小决定。若在直角坐标系中，横轴表示原子序数，纵轴为质量数相同的核素的原子质量，两条抛物线分别表示质量数为97和99的两种情况。

离抛物线拐点最近的核素是稳定的，它两侧的核素β衰变成抛物线下方的核素。质量数为97的抛物线拐点在钼和锝的中间，但是离钼稍近。质量数为99的拐点在锝和钌中间，但是离钌近。因此，钼和钌分别有两个奇数质量数的稳定同位素（^{96}Mo、^{97}Mo、^{99}Ru、^{101}Ru）而锝却没有。^{97}Tc和^{99}Tc半衰期较长。分别是260万年和21万年，但与地球寿命相比，还是很短，所以天然锝并非存在。

钷也一样，相邻两种元素的原子序数是60和62，它们各有两个奇数质量数的天然同位素（^{143}Nd、^{145}Nd、^{147}Sm、^{149}Sm），而61号的钷没有稳定同位素。^{147}Sm半衰期非常长，对于β衰变是稳定的，但是它有部分α衰变。

超铀元素的发现

通过对于原子序数为43号、61号、85号和87号元素的放射性同位素的制备和鉴定的研究，首次完成了含有92种元素的完整的周期表体系。从原子序数Z为1的最轻元素——氢至原子序数Z为92的最重的天然放射性元素——铀的范围内，似乎再也没有剩下留待发现的新元素了。

在一些早期的周期表体系分类里就已认为可能存在超出铀的元素，并为它们设置了位置。尽管对天然元素进行了很多搜索，在某些方面的鉴定也取得了成功，现在可以确定，在铀的原生矿物中除了有极小量超铀元素形成外，不会再有可观量存在于地球上。这是因为它们之中寿命最长的同位素的半衰期与地球的年龄相比都显得太短了。

唯一的例外是^{244}Pu。该同位素有相当长的寿命（$T_1/2 = 8.3 \times 10^7 a$），尽管它在原始时期已经产生，到今天几乎也已消失殆尽，因为地球的年龄估计约为$4.5 \times 10^9 a$，大概等于^{244}Pu的60个半衰期。1971年当时在洛斯·阿拉莫斯实验室工作的达玲·霍夫曼从氟碳铈镧矿中检测出10^7个^{244}Pu原子，按每克物质含10^{-26}克该原子估算，整个地球上也仅含有数千克的^{244}Pu。这表明超铀元素只是在元素合成时期形成的。

随着人们对于原子核和核转变了解的增加，特别是随着中子和人工放射性的发现，越来越清楚地表明，铀后元素大致都是有放射性的，并具有较短的半衰期，而且必定是采用人工方法才能生产。

费　米

1934年费米等人用中子轰击铀得到了一系列β粒子发射的放射性核素。他们误认为半衰期为13分钟的放射性元素为93号元素。

不久以后，爱达·诺达克在她的“关于93元素”一文中指出：“当用中子轰击重核后，可以想像核破裂成为若干大的碎片，它们可能是已知元素的同位素，而不可能是被照射元素的邻居”。

然而，爱达·诺达克的论文当时并未被人们理解。很清楚这是发现裂变的一个窍门，她要比德国的放射化学家哈恩和斯特拉斯曼工作超前约5年左右。为什么她的意见会被忽略呢？

因为当时对于其他人来说，在核物理发展的进程中，“裂变”概念的提出是难以想像的，甚至是荒谬的。虽然她是铼的共同发明者受人尊重，但是她的43号元素的“发现”，使她声誉下降。令人感兴趣的是，如果当时她的建议能被认真采纳的话，可以预测一下将会发生什么样的情况呢？

在以后的几年内，哈恩、梅特纳和斯特拉斯曼的实验看来似乎是确认了费米的解释。在1935—1938年他们出版的一系列文章里有一篇典型的文章，报道了16分钟的$_{93}$Eka—Re^{237}，2.2分钟的$_{93}$Eka—Re^{239}、12小时的$_{94}$Eka—Os^{237}，59分钟的$_{94}$Eka—Os^{239}，3天的$_{95}$Eka—Ir^{239}和12小时的$_{96}$Eka—Pt^{239}。当时“超铀元素”成为很多实验室工作和讨论的主题。在以后的几年内梅特纳成了超铀元素的主要代言人，要她放弃他们的观点是非常困难的。

1938年秋，伊伦·居里和南斯拉夫人萨维奇在巴黎工作时也几乎发现了裂变。他们用快中子或慢中子轰击铀时发现了一种半衰期为3.5小时的产物，似乎具有稀土的化学性质，他们并未给出这一惊奇发现的解释或者通过另一些实验加以追踪。应该指出的是，甚至在这个领域里的专家，哈恩小组对这一惊奇的结果也表示怀疑。

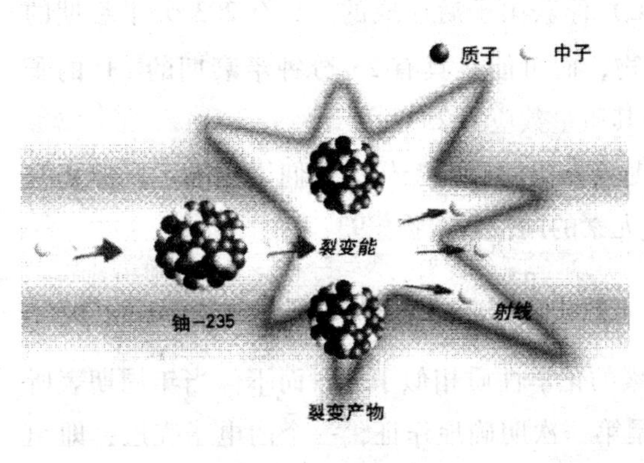

核裂变反应示意图

1939年初研究终于有了突破。哈恩和斯特拉斯曼根据1938年12月进行的工作，并得到梅特纳的翻译帮助，叙述了用中子轰击铀的结果，观察到了Ba、La和Ce等同位素的产生。

这一惊人的发现公布以后，梅特纳和她的外甥弗里希立即对实验结果作出了正确的解释，他们根据玻尔的液滴模型提出了铀核发生了“裂变”的概念。他们的文章于1939年1月16日送交英国的《自然》杂志，2月18日即被发表。

文章中说：“铀核具有很小的稳定性，因此它完全可能在俘获1个中子以后分裂成差不多大小的两个核……这两个核将相互排斥。根据这些核的尺寸和电荷值进行的计算表明，它们的总的动能约等于 200 MeV。”

后来的工作表明，先前归结为超铀元素的放射性同位素实际上均为铀的裂变产物。自那时以来，已鉴定了上百种裂变产物。随着这些放射性作为裂变产物一一被鉴定出来，并未留下任何超铀元素。

93 号元素镎（Np）

第一个超铀元素的发现实际上是在进行核裂变过程研究的部分实验时发生的。

1939 年春天，在位于伯克利城的加利福尼亚大学工作的麦克米伦试图对中子诱发铀裂变产生的两个反冲碎片的能量进行测量。他将薄层铀的氧化物放在一张纸上，靠近这张纸，他码放了很薄的几张香烟锡纸，以阻止和收集铀的裂变碎片。在研究过程中，他发现其中一种产物的放射性行为与另一种有明显差别。这种半衰期大约为 2 天的 p 放射性，不能用反冲方法像其他高能裂变产物那样，从薄层铀中逃逸出来。

随着 1940 年春天的到来，麦克米伦开始断定这种产物是由存在于自然界中很丰富的铀同位素（$^{238}_{92}U$）俘获中子后形成的。具有 2.3 天半衰期的放射性不是一种稀土裂变产物，而可能是具有 23 分钟半衰期的 ^{239}U 的子体，是 93 号元素的同位素，其质量数应为 239。

阿伯尔森在同年参加了麦克米伦的研究工作。他们用化学手段分离并鉴定了按以下顺序形成的 93 元素的同位素产物 $^{239}93$：

$$^{238}_{92}U + ^{1}_{0}n \longrightarrow ^{239}_{92}U + \gamma \quad ^{239}_{92}U \xrightarrow[T_{1/2}=23.5\text{分钟}]{\beta^-} {}^{239}93 \xrightarrow[T_{1/2}=23.6d]{}$$

实验结果表明，93 号元素的化学性质相似于铀，而不像当年周期表所预言的那样，相似于铼，这是第一次明确地作证，一个内电子壳层，即 5f 壳层为超铀元素区填充。这种填充的结果，犹如稀土元素那样，是外层电子主要地决定了元素的化学行为，从而导致了一系列化学性质相似的元素。

93 号元素被发现者命名为 Neptunium（中文名为镎），化学符号为 Np，这是第一个由人工合成的超铀元素。在太阳系里，海王星是天王星外面的第一颗行星，而铀已用天王星命名，故镎以海王星来命名再合适不过。

镎的发现突破了经典元素周期系的界限，为铀后元素的发现开辟了道路，也为近代元素周期系的建立和锕系元素的出现奠定了基础。

宏观的可称量的镎的首次分离直到1944年才得以实现。二战时期在芝加哥冶金实验室工作的马格努逊和拉查派尔从反应堆内照射的铀中分离出长寿命的$^{237}_{93}Np$：$^{238}_{92}U$（n，2n）$^{237}_{92}U \xrightarrow[6.7d]{\beta^-} {}^{237}_{93}Np$ 总共分离了大约10 μg的氧化镎。

至今已发现了17种镎的同位素和3种同质异能素（表3—1）。寿命最长的同位素为^{237}Np（$T_1/2 = 2.14 \times 10^6 a$）。

钚元素的发现

就在发现93号元素镎的时候，麦克米伦便认为，可能还有一种新的超铀元素跟镎混在一起。

不出所料，没隔多久，美国化学家西博格、沃尔和肯尼迪又在铀矿石中，发现了94号元素。他们把这一新元素命名为“钚”，希腊文的原意为“冥王星”。这是因为镎的希腊文原意是“海王星”，而冥王星是在海王星的外面，是太阳系中离太阳最远的一个行星。

最初，西博格等只制得极微量的钚，总重量还不到一根头发重量的千分之一。这样稀少的元素，在当时并没有引起人们的注意，人们只是把它看做一种新元素罢了，谁也没去研究它可以派什么用场。

后来，当人们发明了原子弹之后，钚即一下子青云直上，成了原子舞台上的“明星”！

这是怎么回事呢？

原来，原子弹中的主角是铀。在大自然中，铀有两种不同的同位素，一种叫“铀235”，一种叫“铀238”。在铀235的原子核中，含有92个质子、143个中子，加起来是235个，所以叫“铀235”；在铀238的原子核中，含有92个质子、146个中子，加起来是238个，所以叫“铀238”。铀238跟铀235的不同，是在于它的原子核中多了3个中子。

铀235与铀238的脾气大不一样：铀235是个急性子，铀238却是个慢性子。铀235受到中子攻击时，会迅速发生链式反应，在一刹那间释放出大量原子能，形成剧烈的爆炸。在原子弹里，就装着铀235。可是，铀238受到中子攻击时，却不动声色地把中子“吞”了进去，并不会发生爆炸。

在天然铀矿中，绝大多数是铀238，而铀235仅占7‰（重量比）。人们千方百计地从铀矿中提取那少量的铀235，用它制造原子弹，而大量的铀238铀却被废弃了。

铀238难道真的是废物吗？

人们经过仔细的研究，结果发现，铀238可以作为制造钚的原料，而钚的脾气跟铀235差不多，也是个急性子，可以用来制造原子弹！

原子弹爆炸图

本来，在天然铀矿中，只含有一百万亿分之一钚。如今，人们用铀238做原料，大量制造钚。于是，钚的产量迅速增加，从只有一根头发的1‰那么重猛增到数以吨计。不久，人们不仅制成了以钚为原料的原子弹，而且还用它制成了原子能反应堆，用来发电。

这样一来，钚一下子成了原子能工业的重要原料。

钚是一种银灰色的金属，很重。在空气中也很易氧化，在表面形成黄色的氧化膜。

钚的寿命也很长，达24 360年。

钚的发现和广泛应用，一下子就使人们对化学元素的认识，进入一个新阶段：原来，世界上还有许多很重要的未被发现的新元素哩！

镅和锔的发现

钚发现后，也完成了它的化学性质的研究。西博格等又着手合成95号和96号元素。为此，首先必须使钚的量达到能用肉眼观察的程度。能用肉眼观察的最小量也即能用天平称量的量，即1微克（百万分之一克）。1942年分离出了1微克用回旋加速器制得的钚，这是有史以来人工元素最大的获取量。以后，随着原子反应堆的应用，制得了更多的钚。

西博格等人的实验最初没能成功，这是因为95和96号元素具有与钚非常相似的性质。另外，根据对镎和钚的化学性质的研究，已知它们作为铼和锇的同族元素无法排入周期表中。

按照麦克米伦的设想，镎和钚作为铀的一族元素排列，故95号、96号元素的分离没能成功。如果周期表中在镧元素下面，从锕开始与稀土元素同样有一组元素的话，这一系列问题就都解决了，从而使95号和96号元素分离成功。

用回旋加速器加速氦离子照射钚，发现了96号元素的同位素$^{239}_{94}Pu + ^{4}_{2}He \longrightarrow ^{242}_{96}Cm + ^{1}_{0}n$

这一新元素由居里夫妇命名为锔 Cm。

居里夫妇

95 号元素的发现要晚一些，是1945年从原子反应堆中中子照射的^{239}Pu靶中分离出来的：

$^{239}_{94}Pu + ^{1}_{0}n \longrightarrow ^{240}_{94}Pu$ $^{240}_{94}Pu + ^{1}_{0}n \longrightarrow ^{241}_{94}Pu$ $^{241}_{94}Pu \longrightarrow ^{241}_{95}Am + e + \nu$

原子反应堆中的中子密度高，而且可连续长时间运转，因此靶核在原子反应堆中照射数月后，有可能吸收2个中子，而^{238}U可吸收3个中子。^{240}Pu的半衰期是6 580年，^{241}Pu是13年，^{241}Am是458年。

95号元素根据美国一词命名为镅。镅和锔分别排在铕和钆下面，这样排列，意思就是欧洲之后是美国，稀土元素的先驱加多林之后有居里。从锕开始的这一组元素与稀土元素性质相似，在周期表中排在稀土元素下面。对应镧系元素，这些元素总称锕系元素。

锫和锎的发现

镅和锔发现后，接下来是原子序数为97和98的元素。同样这首先要确保镅和锔积累到能用肉眼观察的量。1940年底，制造出中子密度高的原子反应堆，在这种原子反应堆中，能得到毫克（千分之一克）级的^{241}Am，西博格再次用回旋加速器加速氦离子照射^{241}Am，$^{241}_{95}Am + ^{4}_{2}He \longrightarrow ^{243}_{97}Bk + ^{1}_{0}n$

根据这一反应，1949年末获得了原子序数比Am大2的97号元素，它的半衰期是4.6小时。因为97号元素在加利福尼亚大学所在地伯克利市合成得到的，故而命名为锫 Bk。

继续以加利福尼亚的回旋加速器加速氦离子后照射锔，通过如下反应得到98号元素。$^{242}Cm + ^{4}_{2}He \longrightarrow ^{245}_{98}Cf + ^{1}_{0}n$

98 号元素的这一同位素半衰期是 44 分钟，本实验中测到的 98 号元素原子只有 5 000 个，原子的放射性根据少量原子的衰变即可测定，当然也能确定其化学性质。

98 号元素就以加利福尼亚命名为锎 Cf。这样锎前后的超铀元素都与加利福尼亚大学有关。

氢弹实验中发现的 99、100 号元素

99 和 100 号元素的发现与以往有所不同。

1952 年 11 月在太平洋比基尼岛上进行了最早的热核爆炸试验——氢弹试验。试验后，美国科学家从该岛的珊瑚礁中收集爆炸的下落物，对其进行化学分析，在西雅图阿尔康努研究所和新墨西哥罗斯阿拉莫研究所分别发现了 ^{244}Pu、^{246}Pu 等钚的丰中子同位素。这些同位素是 ^{238}U 吸收 6 个和 8 个中子后衰变生成的。

这次热核爆炸持续的时间非常短，爆炸中心中子密度非常大，用中子密度高的原子反应堆，即使反应一年也得不到热核爆炸时瞬间形成的丰中子同位素，既然能连续吸收 8 个中子，其中必有即使少量但吸收 10 个以上中子的物质，它发生 β 衰变，就能生成比锎原子序数大的 99 或 100 号元素。如果真是这样，是否就能从核爆的下落物中发现这些元素就不得而知了。

为此，加利福尼亚大学的西博格和上述两家研究所的科学家们开始共同寻找 99 号和 100 号元素。

氢弹爆炸图

这 3 个小组从比基尼岛的爆炸地带回的几百千克珊瑚，用离子交换法分离后发现了 α 衰变半衰期为 20 天的 99 号元素的同位素和 α 衰变半衰期为 22 小时的 100 号元素的同位素，它们分别是 $^{253}_{99}Es$ 和 $^{255}_{100}Fm$，实际是由 ^{238}U 吸收 17 个中子衰变后生成的。

在 1955 年，美国加利福尼亚大学在实验室中制得了这两种新元素。99 号元素以提出相对论的爱因斯坦命名为锿 Es，100 号元素以原子能的开创

者费米命名为镄 Fm。

随后，将较多量的钚放入高中子密度原子反应堆中，照射两、三年，便在实验室里制得了镄，但镄的总量还不足 1 微克。

如此说来，多次吸收中子，再 β 衰变，似乎能制备更重的原子。然而，实际上原子多次吸收中子后，随着质量数的增加引发核裂变的概率也增大，所以利用这种手段，制取质量数更大的元素可能性很小。

100 号后的元素发现

1955 年，就在制得镄以后，美国加利福尼亚大学的科学家们用氦核去轰击镄，使镄原子核中增加 2 个质子，变成了 101 号元素。他们把 101 号元素命名为“钔”，纪念化学元素周期律的创始人、俄罗斯化学家门捷列夫。

有趣的是，最初制得的钔竟如此之少——只有 17 个原子！然而，正是这 17 个原子，宣告了一种新元素的诞生。

紧接着，在 1958 年，加利福尼亚大学与瑞典的诺贝尔研究所合作，用碳离子轰击锔，使锔这个本来只有 96 个质子的原子核一下子增加了 6 个质子，制得了极少量的 102 号元素。他们用“诺贝尔研究所”的名字来命名它，叫做“锘”。但是，他们的研究成果，一开始并没有得到人们的承认。直到几年以后，别人用另一种办法也制成了 102 号元素时，这才获得国际上的正式承认。

人们追索不息。1961 年，美国加利福尼亚大学的科学家们着手制造 103 号元素。他们用原子核中含有 5 个质子的硼，去轰击原子核中含有 98 个质子的锎，进行原子“加法”：

$5+98=103$

就这样，制得了 103 号元素。这个新元素被命名为“铹”，用来纪念当时刚去世的美国物理学家、回旋加速器的发明者劳伦斯。

铹是一个不稳定的元素。每经过 3 分钟，铹的原子中便有半数分解掉了。

在 1964 年、1967 年，前苏联弗列罗夫所领导的研究小组，分别制得了 104 号和 105 号元素。其中 104 号元素被命名为“铲”，用来纪念于 1960 年去世的前苏联原子物理学家库尔恰托夫。

与此同时，美国乔索领导的小组用另一种方法也制得了 104 号、105 号元素，命名为∝和𨧀，分别用来纪念著名物理学家卢瑟福和德国物理学家哈恩。

至今，关于104、105号元素的命名，仍争论不休，没有得到统一。

104号和105号元素都是"短命"的元素，只能活几秒钟，很快就裂变成别的元素。

1974年，前苏联弗列罗夫等人又用24号元素——铬的原子核去轰击82号元素——铅的原子核，进行原子加法：

24 + 82 = 106

于是，制得了106号元素。

有趣的是，在此同时，美国乔索及西博格等人用另外的"算式"进行原子"加法"：拿8号元素——氧的原子核去轰击98号元素——锎的原子核。

8 + 98 = 106

于是，也制得了106号元素。

与104号、105号元素一样，这一次又引起了争论。双方都说自己最早发现了新元素，相互争论不休。

1976年，弗列罗夫等人着手试制107号元素。他们以24号元素——铬的原子核，轰击83号元素的原子核。

24 + 83 = 107

就这样，107号元素被制成了。

107号元素是一种寿命非常短暂的元素，它竟然只能活1毫秒！

至此，得到世界各国科学家公认的化学元素，总共是107种。然而，世界上到底有多少种化学元素？人们会不会无休止地把化学元素逐个制造出来？

这个问题引起了激烈的争论。

有人认为，从100号元素镄以后，人们虽然合成了许多新元素，但是这些新元素的寿命越来越短。

照此推理下去，108号、109号、110号……这些元素的寿命更短，因此人工合成新元素的希望将会越来越渺茫。他们预言，即使今后人们还可能再制成几种新元素，但是已经为数不多了。

可是，最近很多科学家认真研究了元素周期表，推算出在108号元素以后，可能会出现几种“长命”的新元素！

这些科学家经过推算，认为当元素的原子核中质子数为2、8、20、28、50、82，或者中子数为2、8、20、28、50、82、126时，原子核就比较稳定，寿命比较长。根据这一理论，他们预言114号元素，将是一种很稳定的元素，寿命可达1亿年！也就是说，人们如果发现了114号元素，这元素将像金、银、铜、铁一样“长寿”，可以在工农业生产中得到广泛应用。

科学家们甚至根据元素周期表，预言了114号元素的一些特征：

它的性质类似于金属铅，目前可称它为“类铅”。它的一种金属，密度为每立方厘米16克。沸点为147℃。熔点为67℃。它可以用来制造核武器。这种核武器体积很小，一颗用114号制成的小型核弹，甚至可放在手提包中随身携带！

另外，科学家们还推算出，110号和164号元素也将是一种长命的元素，可以活1 000万年以上。

1976年6月，从美国传出一个震动科学界的新消息：美国橡树岭国立实验所达兹博士、佛罗里达州大学威廉·纳尔逊和加利福尼亚大学汤姆·卡希尔共同合作，在一种来自马达加斯加的独居石矿物中，用X射线谱发现了四种稳定的新元素——116号、124号、126号和127号。他们在加拿大以及牛津的科学报告会上，详细地介绍了他们在独居石中发现极微量的这4种新元素的经过。

他们的研究成果，还有待于世界各国科学家的验证。如果确实是这样的话，那么，人们对化学元素的认识，又将向前跨进一大步。

时代在前进。人类对化学元素的认识，是永无止境的。

核武器

核武器是利用能自动进行核裂变或聚变反应释放的能量，产生爆炸作用，并具有大规模杀伤破坏效应的武器的总称。核武器一般由核战斗部、投射工具和指挥控制系统等部分构成，核战斗部是其主要构成部分。

核战斗部亦称核弹头，并常与核装置、核武器这两个名称相互代替使用。实际上，核装置是指核装料、其他材料、起爆炸药与雷管等组合成的整体，可用于核试验，但通常还不能用做可靠的武器；核武器则指包括核战斗部在内的整个核武器系统。

自然界中有超铀元素吗

迄今为止讲过的已发现的超铀元素有十多个，钚的同位素的量可以吨计，用于原子能的开发应用。只有铀是天然存在的元素，那么自然界中真的没有超铀元素吗？

因为镎所有同位素的半衰期都比较短。所以天然存在的可能性极小，但钚有半衰期长的同位素，哪怕是微量，但有天然存在的可能性。

如果钚有天然存在的同位素，那么应该有下面两种可能性。第一在铀矿石中^{238}U吸收中子后发生β衰变，生成^{239}Pu。因为^{239}Pu的半衰期是2.4万年，它会在铀矿中以微量蓄积，而作为中子源，包括宇宙射线的中子，铀和它衰变生成核素的α射线与矿石中的氧核发生核反应产生的中子，其中以铀自发裂变生成的中子为主。事实上，在西博格铀矿石中，发现了约是铀量千亿分之一（10^{-11}）的^{239}Pu。

第二元素的创造有这种可能性，我们认为地球或太阳系是距今约45亿年前产生的，因为^{238}U的半衰期是45亿年，所以有很多留在了地球上，而半衰期为7亿年的^{235}U与地球年龄相比，半衰期短，地壳中含量约是^{238}U的0.7%，所以可以认为除了轻元素外，大部分元素是在45亿年前，在中子密度较高的除件下吸收中子而生成的。若这种设想是正确的，那么45亿年前吸收中子而生成的钚的几种同位素现在也应存在于自然界中。

钚的同位素中，半衰期最长的是^{244}Pu，为7 600万年。每经过一次半衰期，其数量减半，若经过40亿年

40 亿年/0.76 亿年≈50

$2^{-50} \approx 10^{-15}$

也就是说，假设40亿年前^{244}Pu有1 000吨，到现在仅剩1微克。钚的化学性质与铀相似，因此，在铀矿石中也许残存有钚。按这种思路，使用目前用于微量分析的最高灵敏度的质量分析器来寻找。44Pu。此装置的灵敏度达到可检测1 000万个原子。也许这一灵敏度对极微量的放射性物质来说还是不算高，但也达到了10^{-17}克也即一千亿分之一微克。使用该仪器，证实了在85千克矿石中有2 000万个（8×10^{-15}g）^{244}Pu。

这就证明超铀元素有天然存在的部分，尽管还无法断定^{239}Pu是否天然存在，但^{244}Pu确实是有自然产物的。